国绍1号蛋鸭
高效健康养殖技术

卢立志　主编

中国农业出版社

编写委员会名单

主　　编：卢立志

副 主 编：陈国宏　黄　瑜　杜金平

参编人员（按姓氏笔画排序）：

田　勇　孙　静　沈军达

李柳萌　李碧春　徐　琪

麻延峰　傅光华　傅秋玲

曾　涛

目　录

第一章　中国蛋鸭产业现状与发展趋势 ················· 1

　第一节　中国蛋鸭产业历史 ························· 1

　　一、家鸭的驯养史 ····························· 1

　　二、家鸭的起源 ······························· 2

　第二节　中国蛋鸭产业现状 ······················· 2

　　一、中国蛋鸭产业现状 ························· 2

　　二、中国蛋鸭产业发展趋势 ····················· 4

第二章　国绍 1 号蛋鸭的培育及其生产性能 ··········· 6

　第一节　国绍 1 号蛋鸭的培育 ····················· 6

　　一、国绍 1 号蛋鸭亲本介绍 ····················· 6

　　二、国绍 1 号蛋鸭选育技术 ····················· 7

　　三、配合力测定与配套系建立 ··················· 7

　第二节　国绍 1 号蛋鸭生产性能 ··················· 7

　　一、国绍 1 号配套系的主要特性 ················· 8

　　二、国绍 1 号蛋鸭配套系与其他品种的优势 ······· 9

　　三、国绍 1 号蛋鸭产业化前景 ··················· 10

第三章　国绍 1 号蛋鸭营养需要量及专用饲料配制技术 ··· 11

　第一节　国绍 1 号蛋鸭营养需要量 ················· 11

　　一、日粮的成分 ······························· 11

　　二、国绍 1 号蛋鸭的营养需要 ··················· 14

　第二节　国绍 1 号蛋鸭专用饲料配制技术 ··········· 17

　　一、鸭常用饲料营养价值 ······················· 17

　　二、日粮配合与配方设计 ······················· 17

第四章　国绍 1 号蛋鸭健康养殖技术 ················· 23

　第一节　蛋鸭的笼养技术 ························· 23

　　一、蛋鸭笼养的优势 ··························· 23

二、蛋鸭笼养主要技术措施 ……………………………… 24
三、笼养方式存在的问题以及注意事项 ………………… 27
第二节 稻鸭共育技术 ……………………………………… 28
一、稻鸭共育的优势 ……………………………………… 28
二、稻鸭共育的主要技术措施 …………………………… 29
第三节 蛋鸭旱地平养结合间歇喷淋技术 ………………… 32
一、蛋鸭旱地平养结合间歇喷淋技术的优点 …………… 32
二、蛋鸭旱地平养结合间歇喷淋技术的主要技术措施 … 33
第四节 蛋鸭生物床养鸭技术 ……………………………… 34
一、蛋鸭生物床养殖的优点 ……………………………… 35
二、蛋鸭生物床养殖模式饲养管理技术 ………………… 35
三、蛋鸭生物床制作过程中的注意事项 ………………… 37
第五节 全室内网上养殖技术 ……………………………… 37
一、全室内网上养殖的优点 ……………………………… 37
二、全室内网上养殖模式饲养管理技术 ………………… 37
三、全室内网上养殖过程中的注意事项 ………………… 39

第五章 国绍 1 号蛋鸭主要疫病防控技术 ……………… 40
第一节 鸭的病毒性病 ……………………………………… 40
一、鸭流感 ………………………………………………… 40
二、雏鸭病毒性肝炎 ……………………………………… 44
三、鸭坦布苏病毒病 ……………………………………… 47
第二节 鸭的细菌性病 ……………………………………… 50
一、鸭大肠杆菌病 ………………………………………… 50
二、鸭传染性浆膜炎 ……………………………………… 54
三、鸭霍乱 ………………………………………………… 56

第六章 蛋鸭产品加工与质量控制 ……………………… 59
第一节 咸蛋的加工技术 …………………………………… 59
一、咸蛋的加工方法 ……………………………………… 59
二、咸蛋的包装与熟制 …………………………………… 63
三、咸蛋黄的加工方法与保鲜 …………………………… 63
第二节 皮蛋的加工技术 …………………………………… 65
一、浸泡法（浸泡包泥法） ……………………………… 65
二、包泥法 ………………………………………………… 68

第三节　糟蛋的加工技术 ································ 69

　　一、原辅料的选择 ································ 70

　　二、糟蛋加工方法 ································ 70

第四节　蛋制品的质量控制技术 ································ 72

　　一、蛋制品质量评价体系 ································ 72

　　二、原辅料的风险及控制技术 ································ 73

　　三、加工过程及贮藏过程对蛋制品的风险及控制技术 ················ 74

参考文献 ································ 75

第一章　中国蛋鸭产业现状与发展趋势

据不完全统计，2016 年，我国常年存栏成年蛋鸭约 2 亿只，年生产鸭蛋约 400 万吨，蛋鸭产业的总产值超过 600 亿元，蛋鸭产业已成为我国农村经济发展的重要产业之一。中国蛋鸭资源丰富，性能优异，然而育种技术落后，抗逆、高效蛋鸭新品种或配套系仍不能满足产业发展需要，特别是目前的高产蛋鸭品种对环境变化敏感，不利于笼养、网养。因此如何利用我国丰富的蛋鸭资源，以市场需求为导向，培育与研发抗逆、高效蛋鸭新品种或配套系及其配套生产技术已成为今后一段时间蛋鸭产业发展的关键所在。

第一节　中国蛋鸭产业历史

中国是养鸭大国，更是养鸭古国。据考证，中国养鸭应当有四五千年的历史。家鸭是由绿头鸭和斑嘴鸭驯化而来，在长期生产实践中，我国劳动人民通过长期驯化，精心培养出来大量举世闻名的优良蛋鸭品种和肉鸭品种。

一、家鸭的驯养史

家鸭在中国古代文献中称"舒凫"或"鹜"。关于中国养鸭的起始时代问题，历来研究者甚少。目前涉及这一问题的论著中，仅见到四处。第一处是1979 年科学出版社出版的《生物史》第五分册钱燕文先生所撰的《家禽的起源·鸭》，认为我国是世界上最早将野鸭驯化为家鸭的国家之一，钱燕文先生根据《尔雅》中即有"舒凫，鹜"的记载，认为我国养鸭其起始时代当在史前。第二处是 1985 年出版的《农业考古》杂志第二期刊登的陈志达先生所撰的《商代晚期的家畜和家禽》，文中提出："在商代晚期，鸭很有可能已被驯养成家禽。"第三处是 1987 年出版的《山西农业科学》发表的卫斯先生撰写的《我国养鸭起始时期小考》，卫斯先生根据文献记载、古文字的演变和考古材料的发现等诸方面综合考证，认为我国养鸭的起始时代当定为西周中期为宜，在民间普遍饲养可能兴起于春秋。到了两汉时期，鸭已经成为我国三大家禽（鸡、鸭、鹅）之一。从这一时期的地主庄园经济的考古材料中发现，当时养鸭活动相当普遍，这不仅可以从汉代墓葬普遍出土陶鸭得到证明，尤其是从考古所发掘出土的"水上楼阁"来看，绝大部分楼下水里有鸭、有鱼。比如，

1956 年在河南陕县刘家渠东汉墓出土的绿釉陶楼阁,"楼四周是水池,池中就有鱼、鸭,表示庄园养有家禽和鱼"。1983 年春,山西平陆圣人涧汉墓出土的绿釉陶"池中望楼",其池中就有 11 只游鸭的造型。最后一处是 2009 年《农业考古》刊登的沈晓昆先生所撰的《养鸭考古札记》,沈先生认为我国古代养鸭最早盛行于长江流域及以南地区,这是因为江淮平原水渠纵横,湖泊众多,该地区也是我国自古以来的水稻产区,是放牧鸭群的良好牧场。春秋战国时的古籍《吴地志》中有"吴王筑城以养鸭,周围数十里"的记载,说明中国规模化养鸭至今已有 2 400 多年的历史。尽管我国养鸭的起始时代说法不一,仍需进一步考证,但是足以证实我国养鸭历史悠久,且很早就出现了规模养鸭。

二、家鸭的起源

从鸭属众多家鸭品种的生物学特性、形态特征和染色体核型的研究结果看,公认家鸭的祖先起源于河鸭属(*Anas* Linnaeus)中的绿头野鸭(*Anas platyrhynchos* Linnaeus)和斑嘴鸭(*Anas poecilorhyncha* Forster)。我国著名鸟类学家郑作新等著的《中国动物志》第二卷——鸟纲,雁形目中就有家鸭是由绿头野鸭和斑嘴鸭驯化而来的结论。近年来也有多位学者利用 mtDNA 遗传多样性证实了家鸭支持两起源学说,即我国地方鸭品种的起源过程中绿头野鸭与斑嘴鸭均有所贡献。家鸭与其野生祖先绿头野鸭和斑嘴鸭交配均能产出后代,这是判断家鸭与其野生祖先有无血缘关系的重要依据之一。通过实际观察,我们发现现今鸭属中家鸭的外形和生活习性与其野生祖先绿头野鸭和斑嘴鸭有许多相近之处,但也发现家鸭在驯化过程中,丢失了许多特性,如飞翔能力、抱性等。

第二节 中国蛋鸭产业现状

一、中国蛋鸭产业现状

蛋鸭饲养业是中国农业的一个重要产业。我国蛋鸭品种丰富,蛋鸭饲养、消费、贸易在世界上均居首位。尤其是 1996 年来,中国的蛋鸭养殖业发展迅速,正在由分散饲养向适度规模经营发展,集约化程度在不断提高,产业化经营也在不断发展,规模化的蛋鸭生产企业正在形成。品种培育有了进步,设施化养鸭也已起步,产业链建设日趋完善,科技对养鸭的贡献日益凸显。

(一) 养殖产业规模巨大,但养殖盈利空间日趋缩小

据国家水禽产业技术体系经济岗位王雅鹏教授和刘灵芝教授团队统计,我国近几年来,常年存栏蛋鸭 2 亿只,年生产鸭蛋约 400 万吨,约占世界蛋鸭饲

养量的 1/2，养殖规模巨大。江西、广东、湖南、福建、山东、湖北等省成为中国蛋鸭的主产区，年饲养量均超过 2 000 万只，而原来的传统蛋鸭养殖大省——浙江省，由于受各种环保制度压力，养殖量有所萎缩，但年饲养量也超过了 1 500 万只（图 1-1）。

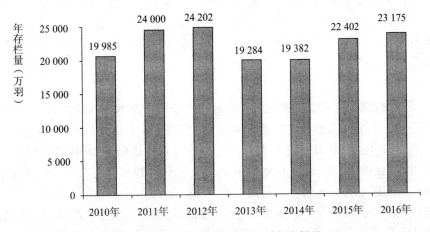

图 1-1　2010—2016 年我国蛋鸭年出栏量

（数据来源：国家水禽产业技术体系经济岗位王雅鹏教授和刘灵芝教授团队）

尽管中国蛋鸭的养殖规模巨大，但养殖盈利空间日趋缩小。由于受各种疾病和市场因素影响，鸭蛋的价格波动很大，特别是 2017 年上半年蛋价一度跌到每 500 克 2 元。因此我们要加强抗逆和高效蛋鸭品种选育以及市场监测工作，以增强抵御疾病和市场风险的能力，提高养殖经济效益。

（二）养殖蛋鸭品种众多，但高效抗逆品种缺乏

我国蛋鸭品种（系）众多，有 20 多个，如绍兴鸭、莆田黑鸭、金定鸭、攸县麻鸭、连城白鸭、山麻鸭、缙云麻鸭、荆江麻鸭、台湾褐菜鸭等，其 500 日龄产蛋均在 250 个以上，总蛋重 15～22.5 千克，产蛋期蛋料比 1∶2.7～3.3。纵观这些优秀的蛋鸭品种，有的生产性能稳定，但性成熟相对较晚，如绍兴鸭；有的开产早，但蛋形偏小（60 克左右），后期持续产蛋能力相对较弱，如山麻鸭、缙云麻鸭。因此近几年，国内多家育种单位利用多品种的杂种优势开展了配套系选育，如江苏省家禽科学研究所与江苏高邮鸭集团等单位，利用山麻鸭和高邮鸭为亲本，育成了苏邮 1 号配套系，入舍母鸭 72 周龄产蛋量 323 个。湖北省农业科学院畜牧兽医研究所等单位先后育成了荆江蛋鸭Ⅰ系和荆江蛋鸭Ⅱ系，72 周产蛋量也在 290 个以上。福建农林大学联合龙岩市山麻鸭原种场等单位利用山麻鸭、莆田黑鸭、闽农白羽蛋鸭等为素材，开展了高产蛋鸭配套系的选育，筛选出生产性能最优的 2 个配套系为青壳蛋系♂♀×

（F♂×S₁♀）、白壳蛋系 F♂×（P♂×S₃♀），杂交优势明显，产蛋性能得到进一步提高。以上几个配套系或配套组合都表现出较高的产蛋性能和杂种优势，但是其产蛋期的饲料转化率均在 2.7∶1 以上，仍有一定的提升空间。众所周知，环境应激因素（温度、声响、陌生物等）对蛋鸭的生长发育有直接影响，特别是产蛋中期的蛋鸭对环境更敏感，遇到不同程度的应激，就会引起不同程度的神经紧张、内分泌失调，吃食、喝水、运动等行为反常并引起新陈代谢紊乱，从而导致产蛋减少甚至停止产蛋。夏季雨天，尤其是雷雨交加天气的强烈应激，更容易引起异常反应。因此蛋鸭抗逆品系的培育是提高蛋鸭稳产的重要保证。

（三）适度养殖规模发展迅速，但高效低排养殖技术难以跟上

目前，中国绝大部分农户的饲养规模为 500～5 000 只，比较适合大部分养殖户的综合经济能力和管理水平；大的公司养殖规模在 1 万～30 万只，通过公司加农户的模式，最大的可控制到 100 万只的数量，规模效益较为显著；在蛋鸭密集区，有些地区一个村的饲养量可达 100 万只，形成了集市效应，围绕蛋鸭生产的各种服务比较齐全，包括饲料兽药供应、鸭蛋收购加工、全程技术服务、养鸭设备制作甚至鱼鸭混养的养鱼技术服务等一应俱全，在这些地区，养鸭业成了当地的支柱产业，带动了区域经济的发展。长期以来，中国蛋鸭养殖主要采用低投入、水域放牧、开放式大棚饲养、庭院养殖等生产模式，基础设施和设备简陋，饲养环境差。种禽饲养场、孵化场规划不合理，防疫设施简陋，管理水平低下，这些都导致疾病交叉感染严重，药物使用频繁，环境污染严重，食品安全不能得到保障。随着新环保法颁布和实施以及食品安全日益受到重视，对蛋鸭养殖提出了更高的要求，我国先后对蛋鸭笼养、旱地圈养、稻田养鸭、鱼鸭混养等生态养殖技术进行了研究，但这些技术仍需要进一步集成，优化，并进行生产推广与示范。

（四）产品加工日益受到重视，但深加工技术仍需加强研发

皮蛋、咸蛋等传统鸭蛋制品历史悠久，风味独特，消费量逐年上升。加工企业发展迅速，加工规模不断扩大，形成了一批名牌产品，如湖北"神丹"、福建"光阳"。同时我们也看到水禽蛋制品加工小企业众多、机械化程度很低，缺乏完善的质量监控体系，因此急需对传统工艺进行研究，提升鸭蛋加工制品的标准化水平。无铅皮蛋加工工艺、咸蛋腌制与熟制工艺等深加工技术仍需加强研发。

二、中国蛋鸭产业发展趋势

中国蛋鸭业发展已经进入转型升级关键时期。在今后相当一个时期内，我国蛋鸭生产必须以标准化生产的理念进行管理，依靠科技创新，实现品种良种

化，养殖设施化，管理规范化，资源节约化，按照产业化生产经营的思路去组织，完善和延长产业链。这样，中国蛋鸭产业才能真正步入一个新的大发展时期。

（一）"加工型"蛋鸭的选育将成为新亮点

鸭蛋主要以皮蛋、咸蛋等再制蛋品消费，这就要求今后从加工的角度确定新的选育目标，如蛋壳颜色（青壳），蛋重均匀度（70克），蛋黄与蛋白比例等。如对于青壳性状而言，青壳蛋蛋壳厚度和强度优于白壳蛋，可减少加工及运输过程中破损损失，同时由于消费习惯的原因而受到绝大多数地区的欢迎，价格优势日益明显。鉴于青壳这一包装性状属于质量性状，将来可通过分离、鉴定鸭青壳的基因，开展分子标记育种，减少测交的工作量。

（二）无公害生产技术和标准化生产将得到广泛应用

为了消费者的健康和蛋鸭业的可持续发展，蛋鸭业无公害、绿色的生产势在必行，通过制定一系列饲料标准和饲养技术规范，并按照标准化体系组织生产。同时，研发与应用蛋鸭笼养与网上养殖技术，提高单位面积载禽量，饲养管理操作方便、生产效率高、饲料转化率好、有利于疫病防疫、蛋品卫生和减少对水源的污染。通过选育，加强饲养管理、营养调控等，延长产蛋周期，更好地利用鸭舍设备、降低育雏成本。

（三）产品加工将成为产业链中至关重要的一环

产品加工对于蛋鸭业尤为重要，蛋鸭业的主要产品——鸭蛋，绝大部分是通过加工成皮蛋、咸蛋等产品消费，同时，鸭体（包括淘汰老鸭和青年公鸭）可以加工成酱鸭、卤鸭、酱板鸭、麻油鸭、风鸭、盐水鸭等各具特色、风味独特的美味食品，这些鸭蛋和鸭体加工产品深受国人和海外华人欢迎。蛋鸭业的发展依赖加工技术的进步。

第二章　国绍 1 号蛋鸭的培育及其生产性能

国绍 1 号蛋鸭是由诸暨市国伟禽业发展有限公司和浙江省农业科学院联合培育的配套系，并于 2015 年通过国家畜禽品种审定委员会审定。该配套系具有产蛋性能高，青壳，抗逆性强等优点，自推出以来，已先后在浙江、湖北、湖南、福建、江西、江苏、河南、黑龙江等省累计推广 1 200 万只。

第一节　国绍 1 号蛋鸭的培育

目前我国蛋鸭生产主要以纯种生产为主，但各纯种普遍存在一定的缺陷，抗逆性不强，青壳蛋的比例参差不齐，难以利用多品种的杂种优势。面对市场对青壳蛋日益增大的消费需求，开展高产、青壳、抗逆蛋鸭新品种（配套系）选育已成为蛋鸭产业急需解决的关键问题。基于此，诸暨市国伟禽业发展有限公司和浙江省农业科学院联合开展了高产、青壳、抗逆蛋鸭配套系选育。

一、国绍 1 号蛋鸭亲本介绍

国绍 1 号蛋鸭配套系为三系配套，选育亲本分别来自浙江、福建和湖南地方蛋鸭品种。其中，浙江地方蛋鸭品种 G 系 130～140 日龄开产，72 周平均产蛋 305 个左右，青壳率 30%～40%，成年体重变异系数 10% 以内。体型外貌一致性较高。福建地方蛋鸭品种 S 系 110～120 日龄开产，72 周平均产蛋 290～300 个，青壳率 20% 左右，成年体重变异系数 12% 左右。湖南地方蛋鸭品种 D 系 120～130 日龄开产，72 周平均产蛋 280～290 个，青壳率 20%～30%，成年体重变异系数 11% 左右（图 2-1，图 2-2，图 2-3）。

　　图 2-1　G 系亲本　　　　　图 2-2　S 系亲本　　　　　图 2-3　D 系亲本

二、国绍1号蛋鸭选育技术

（一）家系选育

母鸭：43周龄时，统计各家系开产日龄、母鸭饲养日产蛋量、蛋重、产蛋期蛋料比、成活率等性能，采用综合指数法对家系育种值进行估计，根据家系成绩预留种，72周龄后根据生产性能综合评分选种。

公鸭：根据半同胞母鸭的性能高低进行选择。

（二）个体选育

母鸭：43周龄时，统计个体见蛋日龄、产蛋数、总蛋重、平均蛋重、蛋壳颜色等性能，用综合指数法进行选留；同时，统计半同胞和全同胞家系的性能。剔除病、残鸭和表面健康但携带垂直传播病的母鸭，综合个体、半同胞、全同胞的性能预留母鸭，同样在72周龄选种。

公鸭：根据全同胞和半同胞母鸭的性能高低进行选择。

三、配合力测定与配套系建立

经过5个世代纯系选育，开展了多组合的配合力测定。根据产蛋量、蛋重、育成和产蛋期饲料转化率等性状的配合力测定结果，筛选出综合饲养效益优秀的组合，确定配套系利用方式（图2-4）。

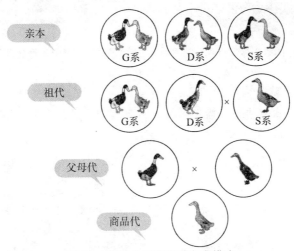

图2-4　国绍1号配套系杂交模式

第二节　国绍1号蛋鸭生产性能

国绍1号蛋鸭生产性能优越，72周龄平均产蛋量达326.9个，青壳率

98.2%，产蛋期蛋料比 1∶2.62，蛋重大小适合蛋品加工的需求，与其他常见蛋鸭生产品种具有明显的性能优势和产业化前景。

一、国绍 1 号配套系的主要特性

（一）体型外貌

1. 父母代种鸭

公鸭：羽色多呈淡麻栗色，头、颈上部及尾部均呈墨绿色，富有光泽，并有少量镜羽；颈中间有 2～4cm 宽的白色羽毛圈，主翼羽和腹臀部呈白色；虹彩灰蓝色，喙豆黑色；喙、胫、蹼呈橘黄色，爪呈白色（图 2-5）。

母鸭：体型较小，体躯狭长，嘴长颈细，背平直腹大，臀部丰满下垂。全身羽毛为褐麻色；虹彩呈褐色；喙黄色，喙豆黑色；胫、蹼呈橘黄色，爪呈黑褐色（图 2-6）。

图 2-5　国绍 1 号父母代公鸭　　　　图 2-6　国绍 1 号父母代母鸭

2. 商品代蛋鸭

体型中等，体躯狭长，嘴长颈细，背平直腹大，臀部丰满下垂。全身羽毛为褐麻色（图 2-7，图 2-8）。

图 2-7　国绍 1 号配套系商品代母鸭　　　图 2-8　国绍 1 号配套系商品代群体

（二）生产性能

1. 父母代种鸭

配套系父母代种鸭的主要生产性能（表 2-1）。

表 2-1　父母代种鸭生产性能

性状	性能指标
开产日龄（d）	111～113
72 周龄平均产蛋量（个）	322
种蛋合格率（%）	92～95
受精率（%）	93～95
受精蛋孵化率（%）	85～90
育成期成活率（%）	98.05
入舍母鸭成活率（%）	98.14
淘汰母鸭体重（g）	1 300～1 400

2. 商品代蛋鸭

配套系商品代蛋鸭的主要生产性能（表 2-2）。

表 2-2　商品代蛋鸭生产性能

性状	性能指标
开产日龄（d）	108
72 周龄平均产蛋量（个）	326.9
平均蛋重（g）	69.6
青壳率（%）	98.2
产蛋期蛋料比	1∶2.62
育成期成活率（%）	97.6
入舍母鸭成活率（%）	97.5
淘汰母鸭体重（g）	1 521.3

二、国绍 1 号蛋鸭配套系与其他品种的优势

国绍 1 号蛋鸭配套系与我国目前蛋鸭当家品种绍兴鸭相比，开产早、饲料报酬高、青壳率高、抗病力强；与山麻鸭和攸县麻鸭两个早熟品种相比，高峰持续时间长，产蛋量高，综合效益好。国绍 1 号蛋鸭配套系与通过审定的苏邮1 号蛋鸭配套系相比各有特点，国绍 1 号蛋重较小，但是饲料成本较高。国绍1 号蛋重和淘汰鸭体型适中，较适于南方的消费习惯；苏邮 1 号蛋重大，更适

合北方的市场需求（表 2-3）。

表 2-3　主要蛋鸭品种优性能比较

项目	国绍 1 号	苏邮 1 号	绍兴鸭	山麻鸭	攸县麻鸭
72 周龄产蛋（个）	326.9	323	300～310	290～300	280～290
平均蛋重（g）	69.6	74.6	70～72	58～62	60～64
产蛋期料蛋比	2.62：1	2.73：1	2.7～2.8：1	2.9～3.0：1	2.9～3.0：1
青壳率	98.2%	95.3%	40%～50%	20%～30%	20%～30%
产蛋期成活率	97.5%	97.7%	97%～98%	97%～98%	97%～98%
开产日龄（d）	108	117	130～140	100～110	110～120
选育情况	三系配套	二系配套	纯系选育	纯系选育	纯系选育

三、国绍 1 号蛋鸭产业化前景

（一）具有明显的配套系可控性

利用蛋壳颜色遗传机制，实现了种质的可控。保护制种企业的利益，为品种的持续选育提供了保障。国绍 1 号蛋鸭配套系商品代如果自繁，青壳率会出现明显的下降，变化直观，可以保护制种企业的利益，促进蛋鸭产业良种繁育体系健康有序运行。

（二）综合性能领先

配套系集成了高产、青壳、早熟等提高蛋鸭养殖效益的优势性状。配套系青壳率高，破损率低，深受加工企业的欢迎，青壳鸭蛋市场售价每千克高于白壳蛋 0.2 元；开产日龄早，育成成本低、周期短；产蛋高峰持续时间长，产蛋量高，饲料报酬高；淘汰老鸭体型外貌符合消费需求。因此，国绍 1 号蛋鸭配套系饲养效益高，市场前景广阔。

（三）配套系适应性好、推广前景广

与合适的饲养模式相配套，可适合于不同环境气候条件地区饲养，还适用于各种养殖方式，放养、圈养、笼养都可，尤其是笼养性能良好。目前，在生态环境的压力和产业化的需求下，笼养已经成为未来蛋鸭产业的发展方向，笼养配套系的培育将加快笼养技术的推广，促进蛋鸭产业化发展。

第三章　国绍1号蛋鸭营养需要量及专用饲料配制技术

为保证国绍1号优越生产性能的发挥。这要求我们要了解各种营养物质的作用和它们在各种饲料中的含量，参照饲养标准，配制出能满足鸭不同阶段营养需要的最佳日粮，提高经济效益。

第一节　国绍1号蛋鸭营养需要量

一、日粮的成分

日粮是以几种饲料原料（如谷物籽实、豆粕、动物加工副产物、脂肪及维生素、矿物质预混料）为基础的一种混合物。这些原料和水提供能量和营养素，满足鸭的生长、繁殖和健康所需的营养物质。

日粮中的营养成分包括碳水化合物、蛋白质与氨基酸、脂肪、矿物质、维生素和水。此外日粮中还含有一些不归为营养素的成分，如叶黄素、未鉴定生长因子、抗菌剂（可能有益于生长、保健和饲料转化利用率）等。下面就营养成分进行逐一介绍。

（一）能量

能量不是一种营养素，而是能产生能量的营养素在代谢过程中被氧化时的一种特性。日粮中可为家禽利用的能量常用代谢能来描述。代谢能（ME）等于饲料总能减去粪、尿、气体能，家禽产气可忽略不计，所以代谢能等于饲料总能减去粪尿能。

配制家禽日粮时常以能量作为起点，确定适宜能量水平是获得单位产品（增重或产蛋）最低饲料成本的关键。单位产品的饲料成本决定于单位饲料的价格和生产单位产品的饲料量。在高能饲料和饲用脂肪便宜的地区，配制高能日粮最为经济，即单位产品的饲料成本最低。在低能谷物籽实和加工副产物便宜的地区，制作低能日粮配方最经济。

选定的日粮能量浓度常是确定日粮大多数营养素浓度的基础。一般情况下，在必需营养素适宜的情况下，家禽是以满足其能量需要而确定采食量的，同时也应当了解这种调节有其一定的局限性。喂不同能量水平的日粮时，虽然家禽一般可通过调整采食量以取得最低限度的能量摄入，但这种调节有时并不精确，采食量并不是按能量浓度增加而成比例地减少，所以在使用特定蛋白或氨基酸与能量比制作配方时需做仔细评估。最好能建立一些数学模型，以便为家禽生产选择最经济的日粮蛋白质浓度与能量的比例。要建立这些模型需进行深入研究以获取比目前更多的相关资料。

除了能量和营养素平衡外，影响采食量的因素还有日粮容积密度、环境温度、饲养方式（平养与笼养）等。采食量随环境温度的升高而下降，尤其在高温情况下，下降程度更加明显；蛋鸭笼养因活动空间受到限制，活动量较平养时大幅度降低，因而采食量明显下降。由于采食量与营养素摄入呈直线相关，为达到理想的生产性能，除考虑能量和营养素平衡外，还应考虑营养素摄入与产出的平衡。

（二）蛋白质和氨基酸

蛋白质需要实际上应理解为动物对蛋白质中氨基酸的需要，来自蛋白质的氨基酸可满足家禽的多种功能需要。从营养角度，氨基酸可分为两类：一类家禽不能合成或合成量很少不足以满足代谢需要，必须由日粮提供的氨基酸称之为必需氨基酸；另一类可以通过其他氨基酸合成的称之为非必需氨基酸。日粮中存在一定量的非必需氨基酸，可减少由必需氨基酸合成非必需氨基酸的量。

鸭对蛋白质和氨基酸的需要随生产状态（生长发育和产蛋率）不同变化很大。如雏鸭需要大量氨基酸用于满足快速生长的需要，产蛋率高的蛋鸭比产蛋率低的蛋鸭需要更多的氨基酸。而在青年鸭时期，鸭对蛋白质的要求不是十分严格。

虽然蛋白质和氨基酸的需要常以日粮中的百分比表示，但为了获得最好的生产性能，必须用平衡的氨基酸和蛋白质源从数量上满足家禽的需要，所以影响采食量的因素也会影响氨基酸和蛋白质的摄入量，进而影响满足最适营养所需的这些营养素的浓度。在产蛋鸭中，应认真考虑环境温度、饲养方式（笼养）对采食量的影响，根据所受影响程度调整蛋白质浓度，保持蛋白质和氨基酸摄入与产出的平衡。过高或过低的蛋白质浓度会对鸭子产生不利影响。虽然蛋鸭对蛋白质缺乏一定的调节缓冲能力，在不严重缺乏的情况下，它能通过改变蛋形而进行调节，但在严重缺乏的情况下，会导致产蛋率降低甚至停产；而过多的蛋白质，由于超过了满足最佳生产性能的蛋白质需要不仅造成资源的浪费，还会加重消化负担，严重时可产生毒性作用。

目前日粮配方是依据蛋白质、总氨基酸以及可利用氨基酸相结合的指标而配合的，而今后的发展趋势是以可利用氨基酸为基础进行配方，其优势是蛋白质资源的利用效率将大大提高。由于饲料原料可利用氨基酸的可信数据并不容易得到，导致该方法不能迅速被采用。赖氨酸、蛋氨酸等氨基酸的商品化生产为蛋白质资源的优化利用奠定了一定基础。

（三）脂肪

脂肪氧化给细胞供能的效率很高，脂肪也可直接沉积在体内作为动物生长的一部分，日粮中添加高水平脂肪时，日粮的代谢能值比各种原料的累加值要高，这种效应称为额外热能效应。饲喂含有高水平脂肪日粮时，食糜在肠道的停留时间明显增加，有利于进行充分消化和非脂肪成分的吸收。

在产蛋后期，日粮中添加1%～2%的脂肪能明显地提高产蛋率。由于脂肪热增耗较低，这在高温环境条件下显得特别有用。当采食量降低时，添加的脂肪可用于维持蛋的形成，而使产热减少。在冬季，由于环境温度低，鸭的采食量增加，添加适量的脂肪对于提高饲料转化利用效率也是有益的。

（四）矿物质

矿物质是饲料中的无机部分。根据日粮中的需要量通常分为两类，需要量大的称常大量元素，通常以占日粮的百分比计算，需要量少的称微量元素，常以毫克/千克（mg/kg）饲料计。

鸭体内矿物质的主要功能有：钙和磷为骨骼形成所需要，钠、钾、镁和氯，与磷酸根和碳酸氢根一起，维持体内渗透压和酸碱平衡。一些微量元素为酶的辅助因子，参与机体的代谢。

日粮钙过多会干扰其他矿物元素的吸收利用。对生长家禽而言，钙和有效磷的重量比以2∶1左右较为合适，产蛋鸭的钙需要量则较高。为满足蛋壳形成，日粮中钙的含量达到3%，甚至更高。在以碳酸钙为钙源，在蛋鸭日粮中进行补充时，须考虑粒度大小对钙吸收利用的影响，镁含量高的钙源不宜用于蛋鸭日粮中。

磷除了参与骨骼及蛋壳形成外，还为能量利用和细胞壁成分所必需。植物中的磷大多以植酸磷的形式存在，很难被家禽消化吸收，可消化的部分仅占总磷的30%左右。添加植酸酶可部分改善磷的消化率。来自动物饲料和无机化合物中的磷消化率较高，常用于日粮中磷的补充物。

钠、钾、氯对维持酸碱平衡十分重要。其他的阴阳离子（如钙、硫酸根、磷酸根、碳酸氢根）也参与酸碱平衡。日粮中的钠和氯常通过添加食盐来满足，饲料中的钾、镁含量丰富，基本上能满足需要。日粮中的食盐应以满足最大生长和产蛋为宜。高浓度盐导致饮水增加，伴随而来的就是通风和湿粪脏蛋问题。在使用某些鱼粉、鱼干时，应事先测定其含盐量，据此调整和控制日粮的食盐浓度。

微量元素包括铜、铁、锌、锰、钴、碘、硒，需要量小。钴是维生素 B_{12} 的组成部分。日粮中钴的需要量既可通过提供维生素 B_{12} 来满足，也可以钴化合物的形式补充。在常用饲料中，铜、铁含量丰富，基本上能满足需要。在实际应用中，考虑保健的需要，常进行适量的铜、铁补充。

微量元素的需要常可以从常规饲料中得到满足。但由于土壤中的含量不同，植物对矿物元素摄取能力也不一样，导致饲料中微量元素含量的不一致；其次矿物元素之间存在互作效应；且家禽对矿物元素的耐受性也不同。因此，在家禽日粮中应补充足量的微量元素以确保营养和健康需要。由于微量元素的添加量极微，且成分众多，就要求掌握专业知识及使用专用的设备进行生产。微量元素常以预混料的形式添加到日粮中。

（五）维生素

维生素大致可分为两类：脂溶性维生素和水溶性维生素。前者包括维生素 A、维生素 D、维生素 E、维生素 K，后者包括 B 族维生素和维生素 C。大多数维生素需要量以每千克日粮的毫克数表示。但维生素 A、维生素 D、维生素 E 以活性单位表示，因为不同形式的这些维生素其生物学活性（效价）不同。维生素 A 的需要量以每千克饲料中的国际单位（IU）来表示。1IU 维生素 A 活性相当于 0.6 微克 β-胡萝卜素的活性。1IU VD$_3$ 等于 0.025 毫克 VD$_3$ 的活性，1IU 维生素 E 等于 1 毫克合成 DL-α-生育酚乙酸脂的活性，等于 0.735 毫克 DL-α-生育酚乙酸脂，或 0.671 毫克 D-α-生育酚，或 0.909 毫克 DL-α-生育酚。

家禽对维生素有很高的耐受能力。在生产实际中为保险起见，日粮中维生素补充量往往远远超过其最低需要量。由于维生素种类繁多，添加量小，通常以预混料的形式添加于日粮中。

（六）水

尽管水的需要量难以确定，但仍应视其为一种必需营养素。家禽对水的需要量与下列因素有关：环境温度、相对湿度、日粮成分、生长或产蛋率等。目前，饲养过程中采用自由饮水方式，能满足它们的需要。

二、国绍 1 号蛋鸭的营养需要

鸭的营养需要量是指鸭在维持正常生命活动、生长时所需要的各种营养物质的量。营养需要量分为维持需要量和生产需要量。

（一）维持需要

管理和营养都会影响鸭的维持需要。在较热的鸭舍，鸭所需要的饲料较少，因为用于维持体温的能量消耗较少。随着环境温度的升高，鸭的耗料也随之减少。笼养时，由于鸭的活动量减少，能量消耗降低，采食量也会明显降低。

品种也影响鸭的维持需要。不同品种鸭的代谢或行为特征不同，其维持需要也不同。高产蛋鸭用于维持的相对量较低，个体大的鸭种较个体小的鸭种需要更多的绝对维持需要量。

（二）生产需要

对于蛋鸭生产而言，生产需要确定应考虑多方面因素，具体包括：

1. 阶段饲养

蛋鸭饲养期一般可分成三个时期，即育雏期、育成期和产蛋期。育雏期和产蛋期的营养需要研究较多，结果已趋一致；而育成期的营养需要研究较少，在生产实际中存在许多问题。育成期的限制饲养在蛋鸡生产实践中是一项成熟的技术，被广大养殖户所采用。限制饲养的优点在于节省饲养成本和提高蛋鸡的产蛋性能；而在蛋鸭生产上，由于蛋鸭的性成熟较蛋鸡早，体成熟和性成熟相差时间短，是否采取限制饲养尚存在争议，但应鼓励控制蛋鸭开产体重，防止过多的脂肪沉积。

2. 饲料转化率

不管鸭调整能量摄入的精确性如何，同样生产 1kg 鸭蛋，喂给高能量平衡日粮时的耗料量肯定比喂给低能日粮时的耗料量少。一般认为，产蛋鸭营养素的日需要量是恒定的，因此根据采食量的变化调整营养素浓度比较合理。

3. 产蛋高峰持续期

营养因素对产蛋高峰持续期有非常明显的影响。营养不足或营养过剩均对产蛋高峰持续期产生不利影响。营养不足导致蛋形偏小，严重时产蛋率下降；营养过剩导致产蛋鸭过多的脂肪沉积，影响产蛋能力。

4. 蛋重

蛋重除与品种有关外，还与营养因素有关。提高蛋氨酸、粗蛋白、脂肪水平能增加蛋重，降低能量和蛋氨酸水平会降低蛋重。

5. 蛋壳质量

蛋壳质量与日粮中的钙、磷及维生素 D 有关。钙、磷及维生素 D 缺乏会产生无壳、薄壳、软壳、沙壳等蛋壳质量问题。在产蛋后期，适当添加鱼肝油及维生素 A、维生素 D、维生素 E 粉对提高蛋壳质量及产蛋能力有益。

蛋鸭的饲养期分成育雏、育成和产蛋期。由于育成期时间跨度大，可依据蛋鸭的生长发育规律作适当调整，在用富营养的日粮进行饲喂时，应采取限制饲养措施，以免产生过多的脂肪沉积，影响产蛋性能。广东省农业科学院畜牧兽医研究所和浙江省农业科学院畜牧兽医研究所等单位经过反复试验研究，提出了国绍 1 号蛋鸭营养需要量建议用量（蛋鸭饲养标准）（表 3-1）。

表 3-1　蛋鸭产蛋期营养需要量

营养指标 Nutrient	单位 Unit	初期 (50%~80%)	高峰期 (>80%)	后期 (<80%)
鸭表观代谢能 AME	MJ/kg (Mcal/kg)	10.88 (2.60)	10.46 (2.50)	10.46 (2.50)
粗蛋白质 CP	%	17	17	18
蛋白能量比 CP/AME	g/MJ (g/Mcal)	15.63 (65.38)	16.25 (68)	17.21 (72)
赖氨酸能量比 Lys/AME	g/MJ (g/Mcal)	0.87 (3.65)	0.91 (3.65)	0.91 (3.8)
赖氨酸 Lys	%	0.95	0.95	0.95
蛋氨酸 Met	%	0.40	0.40	0.40
蛋氨酸+胱氨酸 Met+Cys	%	0.67	0.67	0.67
苏氨酸 Thr	%	0.54	0.59	0.59
色氨酸 Trp	%	0.18	0.21	0.18
精氨酸 Arg	%	0.8	0.8	0.8
异亮氨酸 Ile	%	0.55	0.65	0.65
钙 Ca	%	3.6	3.6	3.6
总磷 Total P	%	0.6	0.6	0.6
非植酸磷 Nonphytate P	%	0.35	0.35	0.35
钠 Na	%	0.15	0.15	0.15
氯 Cl	%	0.15	0.15	0.15
铁 Fe	mg/kg	60	60	60
铜 Cu	mg/kg	8	8	8
锌 Zn	mg/kg	77	90	90
锰 Mn	mg/kg	100	100	100
碘 I	mg/kg	0.4	0.4	0.4
硒 Se	mg/kg	0.21	0.23	0.23
亚油酸 Linoleic Acid	%	0.95	0.95	0.95
维生素 A Vitamin A	IU/kg	8 000	8 000	8 000
维生素 D Vitamin D	IU/kg	2 400	2 400	2 400
维生素 E Vitamin E	IU/kg	20	20	20
维生素 K Vitamin K	mg/kg	2.5	2.5	2.5

（续）

营养指标 Nutrient	单位 Unit	初期 （50%～80%）	高峰期 （>80%）	后期 （<80%）
硫胺素 Thiamin	mg/kg	2.0	2.0	2.0
核黄素 Riboflavin	mg/kg	6	6	6
泛酸 Pantothenic Acid	mg/kg	20	20	20
烟酸 Niacin	mg/kg	32	32	32
生物素 Biotin	mg/kg	0.20	0.20	0.20
叶酸 Folic acid	mg/kg	1.0	1.0	1.0
维生素 B_{12} Vitamin B_{12}	mg/kg	0.02	0.02	0.02
胆碱 Choline	mg/kg	500	500	500

第二节 国绍 1 号蛋鸭专用饲料配制技术

一、鸭常用饲料营养价值

饲料营养价值是指饲料本身所含营养分以及这些营养分被动物利用后所产生的营养效果。饲料中所含有的营养成分是动物维持生命活动和生产的物质基础，一种饲料或饲粮所含的营养分越多，而这些养分又能大部分被动物利用的话，这种饲料的营养价值就高；反之，若饲料或饲粮所含营养成分低或营养成分含量虽高，但能被动物利用的少，则其营养价值就低。下面列出鸭常用饲料及营养成分（表 3-2）。

二、日粮配合与配方设计

（一）日粮配合

合理地设计饲料配方是科学饲养鸭的一个重要环节。设计饲料配方时既要考虑鸭的营养需要及生理特点，又要合理地利用各种饲料资源，才能设计出获得最佳饲养效果和经济效益的饲料配方。设计饲料配方是一项技术性及实践性很强的工作，不仅应具有一定的营养和饲料科学方面的知识，还应有一定的饲养实践经验。实践证明，根据饲养标准所规定的营养物质供给量饲喂鸭，将有利于提高饲料的利用效果和畜牧生产的经济效益。但在生产实践中设计饲料配方时，应根据所饲养鸭品种、生长期、生产性能、环境温度、疫病应激以及所用饲料的价格、实际营养成分、营养价值等特定条件，对饲养标准所列数据做相应变动，以设计出全价、能充分满足鸭营养需要的配方。

表3-2 常用饲料描述及营养成分

单位:%

序号 No.	中国饲料号 CFN	饲料名称	饲料描述	干物质	粗蛋白	粗脂肪	粗纤维	无氮浸出物	粗灰分	中洗纤维	酸洗纤维	钙	总磷	非植酸磷	鸭表观代谢能 Mcal/kg	MJ/kg
1	4-07-0279	玉米	成熟	87.0	8.7	3.6	1.6	70.7	1.4	9.3	2.7	0.02	0.27	0.12	3.30	13.82
2	4-07-0280	玉米	成熟	87.0	7.8	3.5	1.6	71.8	1.3	7.9	2.6	0.02	0.27	0.12	3.19	13.36
3	4-07-0272	高粱	成熟	87.0	9.0	3.4	1.4	70.4	1.8	17.4	8.0	0.13	0.36	0.17	3.01	12.60
4	4-07-0270	小麦	混合小麦、成熟	87.0	13.9	1.7	1.9	67.6	1.9	13.3	3.9	0.17	0.41	0.13	3.18	13.31
5	4-07-0277	大麦(皮)	皮大麦	87.0	11.0	1.7	4.8	67.1	2.4	18.4	6.8	0.09	0.33	0.17	3.06	12.81
6	4-07-0273	稻谷	成熟、晒干	87.0	7.8	1.6	8.2	63.8	4.6	27.4	28.7	0.03	0.36	0.20	2.84	11.89
7	4-07-0276	糙米	良、成熟、除去外壳的整粒大米	87.0	8.8	2.0	0.7	74.2	1.3	1.6	0.8	0.03	0.35	0.15	3.39	14.19
8	4-07-0275	碎米	良、加工精米后的副产品	87.0	10.4	2.2	1.1	72.7	1.6	0.8	0.6	0.05	0.35	0.15	3.34	13.98
9	4-04-0067	木薯干	木薯干片、晒干	87.0	2.5	0.7	2.5	79.4	1.9	8.4	6.4	0.27	0.09	0.07	3.11	13.02
10	4-08-0105	次粉	黑面、黄粉	87.0	13.6	2.1	2.8	66.7	1.8	31.9	10.5	0.08	0.48	0.14	2.87	12.02
11	4-08-0069	小麦麸	传统制粉工艺	87.0	15.7	3.9	6.5	56.0	4.9	37.0	13.0	0.11	0.92	0.24	1.58	6.62
12	4-08-0070	小麦麸	传统制粉工艺	87.0	14.3	4.0	6.8	57.1	4.8	41.3	11.9	0.10	0.93	0.24	1.67	6.99
13	4-08-0041	米糠	传统制粉工艺	87.0	12.8	16.5	5.7	44.5	7.5	22.9	13.4	0.07	1.43	0.10	2.71	11.35
14	4-08-0042	米糠	新鲜、不脱脂	87.0	14.7	17.6	6.0	43.2	6.8	23.4	11.2	0.08	1.37	0.17	2.83	11.85
15	4-10-0019	米糠粕	新鲜、不脱脂	87.0	13.2	2.0	10.1	51.6	9.2	23.3	10.9	0.17	1.85	0.26	1.63	6.82
16	4-10-0018	米糠粕	浸提或预压浸提	87.0	15.1	2.0	7.5	53.6	8.8	23.3	10.9	0.15	1.82	0.24	1.85	7.75
17	5-09-0127	大豆	黄大豆、成熟	88.0	35.5	17.3	4.3	25.7	4.2	7.9	7.3	0.27	0.48	0.30	3.29	13.78

（续）

序号 No.	中国饲料号 CFN	饲料名称	饲料描述	干物质	粗蛋白	粗脂肪	粗纤维	无氮浸出物	粗灰分	中洗纤维	酸洗纤维	钙	总磷	非植酸磷	鸭表观代谢能 Mcal/kg	MJ/kg
18	5-09-0126	豌豆	全粒	88.0	23.1	1.7	6.3	52.6	2.7	—	—	0.10	0.33	0.20	3.16	13.23
19	5-10-0103	大豆粕	去皮、浸提或预压浸提	89.0	47.9	1.5	3.3	29.7	4.9	8.8	5.3	0.34	0.65	0.22	2.63	11.01
20	5-10-0102	大豆粕	浸提或预压浸提	89.0	44.2	1.9	5.9	28.3	6.1	13.6	9.6	0.33	0.62	0.21	2.47	10.34
21	5-10-0117	棉籽粕	浸提或预压浸提	90.0	43.5	0.5	10.5	28.9	6.6	28.4	19.4	0.28	1.04	0.36	1.88	7.87
22	5-10-0183	菜籽饼	机榨	88.0	35.7	7.4	11.4	26.3	7.2	33.3	26.0	0.59	0.96	0.33	1.57	6.57
23	5-10-0121	菜籽粕	浸提或预压浸提	88.0	38.6	1.4	11.8	28.9	7.3	20.7	16.8	0.65	1.02	0.35	1.86	7.79
24	5-10-0115	花生仁粕	浸提或预压浸提	88.0	47.8	1.4	6.2	27.2	5.4	15.5	11.7	0.27	0.56	0.33	3.00	12.56
25	5-10-0242	向日葵仁粕	壳仁比为16:84	88.0	36.5	1.0	10.5	34.4	5.6	14.9	13.6	0.27	1.13	0.17	2.38	9.97
26	5-10-0243	向日葵仁粕	壳仁比为24:76	88.0	33.6	1.0	14.8	38.8	5.3	32.8	23.5	0.26	1.03	0.16	2.17	9.09
27	5-10-0120	亚麻仁粕	浸提或预压浸提	88.0	34.8	1.8	8.2	36.6	6.6	21.6	14.4	0.42	0.95	0.42	1.90	7.96
28	5-10-2047	苏子粕		88.0	33.6	10.4	7.7	24.2	8.1	—	—	0.48	0.76	—	1.55	6.49
29	5-10-0246	芝麻饼	机榨，CP 40%	92.0	39.2	10.3	7.2	24.9	10.4	18.0	13.2	2.24	1.19	0.22	2.41	10.09
30	5-11-0002	玉米蛋白粉	淀粉后制面筋部分、中等蛋白产品，CP 50%	91.2	51.3	7.8	2.1	28.0	2.0	10.1	7.5	0.06	0.42	0.16	3.63	15.20
31	5-11-0008	玉米蛋白粉	同上，中等蛋白产品，CP 40%	89.9	44.3	6.0	1.6	37.1	0.9	29.1	8.2	0.12	0.50	0.18	3.08	12.90
32	4-10-0026	玉米胚芽饼（含皮）	玉米湿磨后的胚芽、机榨，含玉米皮	90.0	16.7	9.6	6.3	50.8	6.6	28.5	7.4	0.04	1.45	0.36	1.86	7.79

（续）

序号 No.	中国饲料号 CFN	饲料名称	饲料描述	干物质	粗蛋白	粗脂肪	粗纤维	无氮浸出物	粗灰分	中洗纤维	酸洗纤维	钙	总磷	非植酸磷	鸭表观代谢能 Mcal/kg	鸭表观代谢能 MJ/kg
33	5-11-0006	玉米DDG	玉米酒精糟，脱水	94.0	30.6	14.6	11.5	33.7	3.6	—	—	0.41	0.66	0.27	2.82	11.81
34	5-11-0007	玉米DDGS	玉米酒精糟及可溶物，脱水	89.2	27.5	10.1	6.6	39.9	5.1	27.6	12.2	0.20	0.94	0.63	2.51	10.51
35	5-13-0045	鱼粉（CP 62.5%）	8样平均值	90.0	62.5	4.0	0.5	10.0	12.3	—	—	3.96	3.05	3.05	3.30	13.82
36	5-13-0077	鱼粉（CP 53.5%）	沿海产的海鱼粉，11样平均值	90.0	53.5	10.0	0.8	4.9	20.8	—	—	5.88	3.20	3.20	3.22	13.48
37	5-13-0036	血粉	脱脂，鲜猪血，喷雾干燥	88.0	82.8	0.4	—	1.6	3.2	—	—	0.29	0.31	0.31	3.47	14.53
38	5-13-0037	羽毛粉	纯净羽毛，水解	88.0	77.9	2.2	0.7	1.4	5.8	—	—	0.20	0.68	0.68	3.16	13.23
39	5-13-0047	肉骨粉	屠宰下脚，带骨干燥粉碎	93.0	50.0	8.5	2.8	—	31.7	32.5	5.6	9.20	4.70	4.70	2.68	11.22
40	1-05-0075	苜蓿草粉（CP 17%）	一茬盛花期烘干	87.0	17.2	2.6	25.6	33.3	8.3	39.0	28.6	1.52	0.22	0.22	1.35	5.65
41	7-15-0001	啤酒酵母	啤酒酵母粉	91.7	52.4	0.4	0.6	33.6	4.7	6.1	1.8	0.16	1.02	—	1.96	8.21
42	4-02-0889	玉米淀粉	食用	99.0	0.3	0.2	—	98.5	—	—	—	—	0.03	0.01	3.41	14.28
43	4-17-0001	牛脂		99.0	—	98.0	—	0.5	0.5	—	—	—	—	—	8.79	36.80
44	4-17-0007	家禽脂肪		99.0	—	98.0	—	0.5	0.5	—	—	—	—	—	8.8	36.85
45	4-17-0012	玉米油		99.0	—	98.0	—	0.5	0.5	—	—	—	—	—	8.62	36.09
46	4-17-0012	大豆油	粗制	99.0	—	98.0	—	0.5	0.5	—	—	—	—	—	8.82	36.93

注1：数据来源于中国饲料数据库情报网络中心发布的《中国饲料成分及营养价值表》《中国饲料学》（张子仪主编，2000）及中国农业科学院北京畜牧医研究所水禽研究室饲料原料测定数据。

注2："—"表示数据不详，含量无或含量极小而不予考虑。

1. 日粮配合的原则

在配合日粮时必须遵循以下原则：

（1）符合鸭的营养需要 设计饲料配方时，应首先明确饲养对象，选用适当的饲养标准。在此基础上，可根据饲养实践中鸭的生长或生产性能等情况做适当的调整。

（2）符合鸭的消化生理特点 配合日粮时，饲料原料的选择既要满足鸭需求，又要与鸭的消化生理特点相适应，包括饲料的适口性、容重、粗纤维含量等。

（3）符合饲料卫生质量标准 按照设计的饲料配方配制的配合饲料要符合国家饲料卫生质量标准，这就要求在选用饲料原料时，确保有毒物质、细菌总数、霉菌总数、重金属盐等不能超标。

（4）符合经济原则 应因地制宜，充分利用当地饲料资源，饲料原料应多样化，并要考虑饲料价格，力求降低配合饲料的生产成本，提高经济效益。

2. 配合日粮时必须掌握的参数

（1）相应的营养需要量（饲养标准）。

（2）所用饲料的营养价值含量（饲料成分及营养价值表）。

（3）饲用原料的价格。

（二）配方设计

目前配方设计的方法很多，主要有电算法和手算法。

电算法即利用电脑来设计出全价、低成本的饲料配方，这方面的软件开发很快，技术已很成熟，有关人员只要掌握基本的电脑知识即可操作。但电脑代替不了人脑，利用电脑配方必须首先掌握动物营养与饲料科学知识，这样才能在电脑配方设计过程中，根据具体情况及时调整一些参数，使配方更科学、更完美。

手算法有试差法、联立方程法和十字交叉法等。其中试差法是目前较普遍采用的方法，又称为凑数法。具体做法是：首先根据饲养标准的规定初步拟出各种饲谱原料的大致比例，然后用各自的比例去乘该原料所含的各种营养成分的百分含量，再将各种原料的同种营养成分之积相加，即得到该配方的每种营养成分的总量。将所得结果与饲养标准进行对照，若有任一种营养成分超过或者不足时，可通过增加或减少相应的原料比例进行调整和重新计算，直至所有的营养指标都基本满足要求为止。表3-3列出了产蛋期饲料配方，供参考。

表 3-3　国绍 1 号产蛋期蛋鸭饲料配方示例

组成	配方 1	配方 2	配方 3
玉米	38.5	46.50	10
四号粉	18	15	53.5
麸皮	7		
豆粕	18	18	14
菜粕	6	6	6
进口鱼粉	3	3	3
酵母		2	
碳酸钙（贝壳粉）	6.7	6.7	6.7
磷酸氢钙	1.5	1.5	1.5
食盐	0.3	0.3	0.3
预混料	1	1	1
合计	100	100	100

注：在制颗粒料时，四号粉用量不宜过高，以免对制粒产生不良影响。

原料质量要求：玉米　CP≥8.5%　　菜粕　CP≥36%　　碳酸钙　Ca≥35%

次粉　CP≥14%　　进口鱼粉　CP≥60%　磷酸氢钙　P≥16%

麸皮　CP≥14%　　酵母　CP≥50%　　豆粕　CP≥44%

第四章　国绍 1 号蛋鸭健康养殖技术

近年来，随着人民消费需求的改变和科技投入的加大，科技工作者十分重视养殖新技术的研发，并取得显著效果，如蛋鸭笼养技术，这些养殖新技术不仅推动了养殖技术的升级，而且提高了产品质量安全水平，目前在养殖业具有很高的推广价值。

第一节　蛋鸭的笼养技术

蛋鸭传统的养殖方式比较粗放，如圈养、散养、放牧或半放牧等方式，集约化程度低，并且存在地域限制、管理不便和不适于规模化生产需要等问题，因此，为适应集约化、规模化生产，蛋鸭笼养技术越来越受到重视，为蛋鸭生产开辟了一条新的养殖途径，这在生产实践中具有极其重要意义（图 4-1）。

图 4-1　蛋鸭笼养场

一、蛋鸭笼养的优势

（一）提高单位面积鸭舍利用效率和劳动生产率

笼养不需要运动场和水面，采用双列式三四层笼养方式，蛋鸭笼养占地面积小，可以充分利用空间，单位面积鸭舍的饲养量较地面平养大幅度增加，从而提高了鸭舍的利用效率。由于简化了饲养管理操作程序，降低了劳动强度，劳动生产效率得到有效提高，每个饲养员管理鸭子的数量可增加 1 倍以上。

（二）有利于疫病的预防和控制

笼养蛋鸭的生产过程在鸭舍内进行，隔绝了鸭子与外界环境的直接接触，有效降低了生产期间与外界环境病原微生物接触感染机会，尤其是以某些飞禽候鸟为传染源进行传播的疫病（如禽流感）；其次笼养鸭由于活动空间有限，防疫所需时间短，可避免惊群漏防现象发生，减少免疫应激；再次笼养蛋鸭可避免饮水器、食槽被粪便污染，减少传染病的发生，即使个别蛋鸭发病，也能够及时被发现并得到有效治疗或淘汰，可有效降低大群感染疫病的风险。

（三）提高饲养经济效益

笼养蛋鸭由于不易发生抢食现象而采食均匀，使鸭群体重均匀、开产整齐，又因活动范围小，减少运动量和体力消耗，而降低了饲料消耗。其次，笼养鸭个体健康和生产性能状况信息能得到及时反馈，有利于淘汰不良个体，使鸭群产蛋率大幅度提高。

（四）有利于环境保护和清洁生产

传统平养方式由于缺乏严格的管理和社会行为的约束，加上集中处理废弃物的能力较弱，导致单位面积承载量过大，加剧环境的污染。笼养过程中，由于鸭子处于相对封闭的环境中，养殖过程中的污染源仅局限于养殖场地，所产生的排泄物便于采集，经适当处理可合理利用或达标排放，不会对环境造成污染或危害，有利于实现清洁生产，减少蛋品污染及传染病的发生率。笼养蛋鸭刚产下的鸭蛋，由于斜坡和重力作用滚到集蛋框中，脱离了与鸭子的直接接触，且笼子底部与鸭蛋直接接触面比较干净，降低了鸭蛋污染程度，较完整地保存蛋壳外膜，有利于延长鸭蛋的保鲜期和保质期，改善鸭蛋外观，减少蛋制品加工过程的洗蛋工艺，增强鸭蛋的市场竞争力。

二、蛋鸭笼养主要技术措施

（一）鸭舍场址的选择与建设

鸭舍要求建在通风良好，采光条件较好的地方，并配置电灯辅助照明。产蛋鸭舍的建设与产蛋鸡舍形式相同，必须具有良好的通风、采光与保温性能，也可用蛋鸡舍进行改建。一般每幢产蛋舍面积为 150～200 平方米，饲养量控制在约 2 000 只为好，便于防疫与管理。调整电灯位置，每 20 米装一个 25 瓦的灯泡。

（二）鸭笼构造

鸭笼可用竹片或铁丝网构建成木笼或铁笼，由直径 4 厘米以上的木杆做支架，通常制成梯架式双层重叠鸭笼。每组鸭笼前高 37 厘米、后高 32 厘米、长 190 厘米、宽 35 厘米。料槽安装在前面，底板片顺势向外延伸 20 厘米为集蛋槽，笼底面离地45～50厘米，坡度4.2°，使鸭蛋能顺利滚入集蛋槽。上下笼要错开，不要重叠，应相隔20厘米。每笼饲养成鸭1～3只，配自动饮水乳头1个。

（三）育雏期饲养技术

一般采用网上育雏，室温保持30℃左右，湿度60％，3天后每天降2℃，一直降到22～23℃。室内要求光照充足，通风良好，白天自然光照，夜间每30平方米用2个15瓦灯泡照明。雏鸭在入育雏室内休息1小时后可潮口，可饮用5％葡萄糖水或糖水，潮口后改为普通水，潮口后1～2小时即可开食，将料拌湿，每昼夜喂5次，全天保持饮水器有水。

（四）育成期饲养技术

笼养蛋鸭采用全重叠式或多层笼，每层4笼，每笼4只蛋鸭，可干喂，也可湿喂，一日喂4次，饮水5次。饲料量每天递增2.5克，一直到60日龄为止，每只鸭150克，以后始终维持这个水平，80日龄时，注射鸭瘟疫苗，120日龄时注射禽霍乱菌苗，进入产蛋高峰期尽量避免蛋鸭打针。

鸭育成期在冬季白天可利用自然光照，遇阴天光线不足时适当用电灯辅助照用，夜间通宵弱光照明，每30平方米鸭舍装1个15瓦灯泡。夏季舍内温度不能高于30℃，每两天清粪便1次；冬季舍内温度为20℃，最低不低于7℃，冬季注意通风，以无粪便刺激气味为标准，每3天清粪便1次。

（五）产蛋期的的饲养管理

1. 上笼

75～80日龄上笼饲养。每个笼位放1～3只鸭子。上笼选择晴好天气，白天进行。刚上笼鸭表现为很不安宁，会惊群，此时要保持环境安静，减少其他人员出入，及时将逃逸的鸭子归位。

2. 吃料与饮水的调教

投料前先在食槽中放水，自由饮水约半小时后，将水放掉，再放入饲料。饲料先用25％～30％的水拌湿，均匀铺在食槽中。开始几天每天少量多餐，笼养的适应期一般需要2周左右时间，等正常后每天的投料次数固定为每天早、中、晚3次。

3. 体重控制

上笼后，根据鸭子的体重将全群鸭进行大致上的分组，体重偏小组的投料量适当增加，这样可以改善整个鸭群的均匀度，使开产均匀，并缩短到达高峰期的时间间隔。这也是笼养的优点之一，圈养不可能采用这样的技术措施。

4. 光照

开始以自然光照为主，夜间在舍内留有弱光，使鸭群处于安静状态。产蛋期早晚要进行人工补光。光照以每20平方米配备一只25瓦白炽灯，调整灯炮的高度，尽量使室内采光均匀。补光以每周 15 分钟的方式渐进增加，直到延长到每天 15～16 小时为止，并固定下来。

5. 卫生

按免疫程序要求注射各种疫苗。每天观察鸭群的采食饮水粪便及精神状态，发现异常及时治疗与隔离。每周进行一次环境与空气消毒。定期在饲料或饮水中添加抗生素与消毒药，定期清粪。

6. 通风换气

夏天时增设通风与喷淋设备，降低舍温。产蛋的最佳温度为 15～20℃。冬天注意冷风的直接吹入，减少换气量，以舍内空气不过于浑浊为原则，换气选择在中午时进行。

7. 饲料

笼养后因失去了一切觅食机会，要特别注意饲粮的营养全面与均衡，微量元素与维生素的添加量要比圈养方式提高 20％～30％，以提高机体的健康水平，确保高产需要。每周添喂沙砾 1 次。与圈养相比，在饲料能量指标上，可适当调低。随气温变化投料量也应进行调整，冬天气温每下降 1℃，增加投料 2 克。饲料原料须保证新鲜与卫生，避免霉变原料。

笼养蛋鸭比平养蛋鸭能提早达到产蛋高峰期。在笼养蛋鸭的饲养过程中，常出现一定数量的软壳蛋和薄壳蛋，在产蛋进入高峰期前尤为突出，因此高峰期中应对笼养鸭实行单独补钙，钙料最好用蛋壳粉，次之用贝壳粉、骨粉。补饲时间在下午至夜间熄灯前均可。补饲数量根据软壳蛋及薄壳蛋所占的比例而定，一般以软壳蛋和薄壳蛋基本消失为合适，通常每 100 只鸭每次补充量以0.5 千克为宜。

8. 捡蛋

鸭子的产蛋时间多集中于夜间，所以早晨的工作首先是集蛋，白天也须定时将零星蛋加以收集，尽量减少破蛋的发生。

9. 高峰期喂料

产蛋达到高峰期前 3 周开始，投料由前期的 3 次改为 4 次。最后一次尽量往后推迟，投料量也适当增加，最好是在晚上 8 点以后，这对产蛋率与蛋重的提高很有帮助。

（六）笼养蛋鸭疾病预防

1. 驱虫

蛋鸭上笼 20 天驱 1 次蛔虫，如利用第二年产蛋高峰，则在停产换羽期间驱蛔虫、鸭虱各 1 次。

2. 免疫

疫苗种类的选择应根据本地、本场的具体情况而定。进入产蛋高峰期尽量避免打针。

3. 鸭病防治

在饲养场进门口应建有消毒设施，每排饲养舍入口处设消毒池。春夏秋每两天清粪便1次；冬季注意通风，以无粪便刺激气味为标准，每3天清粪便1次。每周用氯毒杀舍内外消毒1次。笼养蛋鸭与外界较少接触，减少了病菌、病毒感染机会，同时，可避免饮水器、食槽被粪便污染，不易发生传染病。但要注意蛋鸭脱肛和软脚病的防治。在进入产蛋高峰期前要给蛋鸭服用中药汤，补充元气。在产蛋期要适当驱赶蛋鸭走动，预防鸭软脚。

三、笼养方式存在的问题以及注意事项

（一）笼养方式存在的问题

1. 应激反应现象

笼养限制了鸭的活动，使鸭长期处于应激状态。在夏天高温季节，如没配备降温设施，热应激反应严重，中暑时常发生。另外笼养蛋鸭的饲养管理操作都是在与鸭子距离较近的情况下进行的，难免会对鸭子产生不良影响。

2. 容易导致软脚病

笼养鸭因长期在鸭笼中饲养，活动空间受到限制，鸭子大部分时间伏着休息，活动少，易导致软脚病等脚部问题。

3. 鸭羽毛零乱，外观差

鸭子上笼以后，由于断绝与水的直接接触或受到活动空间的限制，梳理羽毛的行为大大减少，加上鸭子与笼壁及鸭与鸭之间接触摩擦机会大大增加，影响了羽毛色泽和鸭子的外观。

4. 发生卡头、卡脖子、卡翅现象

由于必要的饲喂、捡蛋等饲养管理工作由饲养员来操作，饲养员在操作时与鸭子的近距离接触会使鸭子产生躲避反应，笼具设计不良时常会发生卡头、卡脖子、卡翅现象，对鸭子造成直接伤害，增加鸭子的淘汰数量。

5. 增加养殖成本

笼养时需要特制鸭笼等设施，使养鸭的成本（笼和槽）一次性投资增加，如仅饲养1年，经济效益不如平养可观，若多年利用的话，成本会大大降低。

（二）蛋鸭笼养的注意事项

（1）笼养技术目前已较为成熟，但受到设备设施投入较大等因素的制约，在生产上的应用尚不普及，若没有养蛋鸡与蛋鸭经验的饲养者，最好是从小批量开始试养，并能得到有经验人员的指导。

（2）鸭笼的改造到位与否直接影响生产性能。料槽的好坏直接关系到饲料的浪费与否，集蛋架关系到破蛋率的高低，这两个组件一定要改造到位。

（3）饲料的配制上营养要充足全面，并随着产蛋量、气温的变动及时进行调整，要增加复合多维等添加剂的用量。

（4）饲养管理上特别要精细，尤其是刚上笼时的调教阶段。

第二节　稻鸭共育技术

稻鸭共育技术是指将雏鸭放入稻田，利用雏鸭旺盛的食欲，吃掉稻田内的杂草和害虫；利用鸭不断地活动刺激水稻生长，达到中耕浑水效果；同时鸭的粪便又可以作为肥料，最后实现水稻和鸭的双丰收。在稻田有限的空间里生产无公害、安全的大米和鸭肉，所以稻鸭共育技术是一种种养复合、生态型的综合农业技术。稻鸭共育技术与中国传统稻田养鸭的最大区别在于：将雏鸭放入稻田后，直到水稻抽穗为止，无论白天和夜晚，鸭一直生活在稻田里，稻和鸭构成一个相互依赖、共同生长的复合生态农业体系。

日本流行的稻鸭共育技术始于 1991 年，日本鹿儿岛市桂川町的有机水稻种植农户首先进行稻鸭共育试验，并获得了成功。随后仅用了 10 年时间，稻鸭共育技术就从其发源地九洲地区开始，逐渐扩大，遍及日本全国各地。2000 年，稻鸭共育技术从日本引进，在江苏省丹阳市试点和推广。据江苏省镇江市外国专家局统计显示，截至 2016 年，镇江已在丹阳市建立起稻鸭共育核心基地 5 000 亩*，示范基地 6 万亩；稻鸭共育技术已从丹阳推广到全省，辐射到全国，辐射推广面积达 60 余万亩（图 4-2）。

图 4-2　稻鸭共育

---

* 亩为非法定计量单位，1 亩＝667 平方米。——编者注

一、稻鸭共育的优势

1. 除草

鸭的特性，是喜欢吃禾本科以外的植物和水面浮生杂草，但有时也吃幼嫩的禾本科植物。同时，鸭在稻田里的活动过程中，它的嘴和脚还能起到除草的作用。鸭能非常干净地除去稻田中的杂草，是农民的好帮手。

2. 除虫

鸭非常喜欢吃昆虫类和水生小动物，能基本消灭掉稻田里的稻飞虱、稻椿象、稻象甲、稻纵卷叶螟等害虫。这种除虫效果与使用杀虫剂有相同的功效。

3. 增肥

稻鸭共育时期内，一只鸭排泄在稻田里的粪便约 10 千克，相当于：氮 47 克，磷 70 克，钾 31 克。每 50 平方米放养 1 只鸭，所排泄的粪便足够稻田的追肥了。

4. 中耕浑水

鸭在稻田里不停地活动和游泳，产生中耕浑水效果。水的搅拌使空气中的氧更容易溶解于水中，促进水稻的生长；泥土的搅拌产生浑水效果，会抑制杂草的发芽。稻作生产中，自古就有"浑水稻子好收成"的说法。

5. 促进稻株发育

鸭在稻株间不停地活动，鸭嘴不断地在水稻植株上寻找食物，这种刺激能促进植株开张和分蘖，促使水稻植株发育成矮而壮的扇形健康株型，增强抵御强风的能力。

二、稻鸭共育的主要技术措施

(一) 品种选择

应根据当地的生态环境和地理环境等条件，选择耐瘠高产、丰产性好、品质优良、生态适应性好、综合性状较好、市场前景广阔的水稻品种，特别要选用株型集散适中、分蘖力强、抗性好、成穗率高、熟期适中、稻米品质好的品种，尽量避免二化螟、三化螟危害。

为了更好利用国绍 1 号公鸭，可将其放入稻田用于稻鸭共作，亦可将国绍 1 号公母鸭直接用于稻鸭共作系统。

(二) 水稻栽培

稻鸭共育水稻育秧应采用长秧龄、育大苗方式，适宜秧龄为 30 天左右，叶龄为 6～7 叶，单株带蘖 3 个左右。稻鸭共育水稻的插植密度，既要考虑有利于鸭子在稻间穿行活动，又要兼顾到水稻高产高效。因此，稻鸭共育水稻移栽密度与常规种稻方式不同，不仅行距要扩大，而且株距也应适当放宽，适宜行距为 25～30 厘米、株距为 20 厘米左右。这种栽插密度和行株距配制方式，不仅有利于水稻高产，而且也有利于鸭在稻株间穿行活动，稻鸭共育的优点能更好地发挥。

（三）稻田放鸭与管理

1. 鸭苗孵化与育雏

根据水稻播种期、插秧期及鸭子放养期确定鸭子的开孵期，鸭子的孵化期为（28±1）天，下田前有 7～10 天育雏期，也就是鸭子从开始孵化到放入稻田相隔 35～38 天。孵出的鸭苗待毛干后，在育雏场所集中进行适温育雏，1 日龄的雏鸭室温为 26～28℃，2～7 日龄为 24～26℃，8～10 日龄为 22～24℃，室内湿度 65%～70%，尽早饮水喂食，用全价饲料加少量米饭饲喂，同时做好育雏场所和用具的消毒工作。3 日龄时做好鸭苗病毒性肝炎、鸭瘟的接种防疫。天气晴朗时，3 天后可放出进行户外活动。

2. 鸭苗驯水

选择在气温 15℃以上的晴天上午 9～11 点，对日龄为 3 天及以上的雏鸭，在水深 15～20 厘米的水池进行驯水锻炼。首次驯水时间在 30 分钟左右，并让鸭苗在阳光照射下自行梳理羽毛。此后随着日龄的增加逐步延长驯水活动时间，直到雏鸭能在水中活动自如，达到出水毛干，3～5 天即可完成驯水工作。

3. 放鸭时间和数量

移栽水稻 7～10 天放鸭，机插水稻于插后 15～18 天放鸭，机直播稻于播后 20～22 天或秧苗 3 叶左右放鸭。鸭在稻丛间的放养密度，既要考虑稻田天然饲料能保证鸭的生育需要，又要考虑取得较好的经济效益。放养密度过低，稻田资源未能充分利用，除草、除虫效果一般；放养密度过高，水稻生长受到影响。一般以每亩放养 15～20 只鸭子，这种放养密度既有利于避免鸭子过于群集而踩伤前期稻苗，又有利于鸭子分布到固定范围稻株间各个角落寻找食物，达到较均匀地控制田间杂草和害虫。放鸭前注射鸭瘟疫苗和禽流感疫苗。放鸭后为满足鸭子取食，每亩可放养绿萍 100～200 千克，放萍后每隔 15 天可追施畜禽粪水 300～500 千克/亩（忌施人粪尿）、过磷酸钙 1.5～2.0 千克/亩，以保证绿萍的生长量略大于鸭子的消耗量。

4. 鸭子管理

为防天敌袭击和鸭子逃逸，稻田四周在放鸭前用网孔 2 厘米×2 厘米的尼龙网围好，网高 70～80 厘米，每隔 2～3 米用竹竿打桩，尼龙网的上边和下边用尼龙绳做纲绳，将网拉直。为给鸭子提供栖息和躲避风雨的场所，在稻田边用石棉瓦、竹竿等搭建一个 3～4 平方米的简易鸭棚，在搭建鸭棚的田角建一个 10～20 平方米雏鸭初放区，隔 3 米打 1 根竹桩，将围网固定在竹桩上，网高 70～80 厘米。

放鸭前，在鸭棚地面上铺以干稻草或稻壳。雏鸭放养时在鸭棚附近铺上数个1平方米编织袋，放上雏鸭饲料，并将雏鸭先放养在初放区活动2～3天，使其尽早适应新环境，自动吃食和下水游戏。此后可将鸭子放入大田，但初放区周围不要拆除，以便回收鸭子时使用。

鸭子放入稻田的前2周内，需要投喂适量配合饲料，2周后以喂小麦、玉米和稻谷等为主，随着鸭子的自行觅食，喂食次数由最初的3次/天逐渐降为2次/天、1次/天，每只鸭子的喂食量也逐渐减少，从150克/天降至50克/天。水稻抽穗前2周，适当增加饲料用量，以便鸭子育肥，具体次数、数量可根据鸭的大小、稻田杂草和水田可食生物数量来确定。为培养鸭子唤之即来的习性，每次喂料时，可用喇叭对鸭子进行调教，建立条件反射，驯化雏鸭汇集取食，便于对鸭群观察和管理。

鸭病的防治和饲料的合理使用，需在畜牧兽医部门的指导下进行。

（四）水肥管理

1. 合理施肥

增加有机生物肥的用量，仅靠秸秆还田和饼肥不能满足水稻植株生长的需要。采用一次性施足基肥的简易施肥法，基肥选用饼肥或畜禽粪有机肥，移栽前10天每亩施入饼肥200～300千克或畜禽粪500千克左右，干施入土后上水沤制，插秧前平整稻田。施足基肥后不再追施任何化肥，而是以鸭排泄物作追肥。鸭粪含氮、磷、钾，养分齐全，是一种高效有机肥，及时排入农田分解，被水稻吸收利用，减少了畜禽规模养殖造成的粪便污染，节约了成本，保护了生态环境。

2. 科学用水

鸭属水禽，在稻间觅食活动期间，田面一定要有水层。秧苗移栽后一直进行水层灌溉，一般不进行搁田。稻鸭共育的水层深度以鸭脚刚好能触到泥土为宜，随着鸭子的成长，稻田水层深度应逐渐增加。放鸭初期以3～5厘米水层为宜，既可防止天敌袭击，又可保证鸭子游戏；放鸭中后期，为保证鸭子在稻田正常活动，以5～8厘米水层为宜，水过深则影响鸭子活动效果；水稻抽穗、鸭子收回后，立即排掉田间水层，采取浅湿灌溉，注重养根保叶、活熟到老，在水稻收割前5～7天断水。有效分蘖临界叶龄期结束时可进行搁田，采用分片搁田或把鸭子赶到8～10厘米水层的沟渠临时饮水的办法，搁田时间3～4天。机直播水稻，播种至3叶前保持田间湿润、无水层，3叶以后进行稻鸭共育的水分管理，抽穗后实行干干湿湿管理。

（五）稻田病虫草防治

1. 杂草

机直播稻田由于播种与放鸭相隔时间较长，杂草发生量大，需在播种后进行1次化除，于播种后3～4天，用丁草胺75毫升/亩＋恶草灵75毫升/亩或丁草胺 150 毫升/亩＋苄磺隆 20 克/亩对水 50 千克/亩喷雾除草。移栽水稻和机插水稻不需要使用除草剂控草。

2. 病虫害

稻鸭共育期间的稻田病虫害防治以鸭子的活动和捕食为主，一般不用化学药剂防治，有少量发生时，坚持以生物防治和使用苦参碱、井冈霉素等生物农药防治为主，2～3 公顷安装一盏频振式灭虫灯，以便诱虫杀虫。

稻鸭共育期间和抽穗后如果稻田稻纵卷叶螟、螟虫、稻飞虱和稻瘟病、稻曲病、纹枯病等病虫害发生量超过控制标准，可选用锐劲特等符合农药合理使用标准的低毒、高效、低残留的无公害化学农药有重点地进行防治。共作期间稻田喷洒农药，须将鸭子赶到附近的沟渠中暂时喂养，3～4 天后鸭子才可回田。

（六）鸭子捕捉和水稻收获

水稻抽穗时，将鸭从稻田中捕捉收回，水稻在黄熟期露水干后及时收获、扬净、晾晒和贮藏。

第三节　蛋鸭旱地平养结合间歇喷淋技术

喷淋是近几年兴起的一种养殖技术，分为从上而下喷淋和从下而上喷淋两种模式，但后者效果更好。由上而下喷淋使鸭的背部羽毛得以清洁，但腹部羽毛容易板结，影响外观。由下往上的喷淋方式使鸭腹部和背部的羽毛都比较干净。生产性能测定显示，喷淋组与非喷淋组相比，母鸭死淘率和每只母鸭耗料显著下降，产蛋数、产蛋总量、平均产蛋率、平均蛋重以及料蛋比显著提高，具有较大的推广潜力。

一、蛋鸭旱地平养结合间歇喷淋技术的优点

将蛋鸭释放在鸭舍建筑内饲养，结合喷淋装置对蛋鸭进行喷淋，将蛋鸭饲养与公共水域隔离开来，喷淋的水和粪便通过沟槽的收集，集中处理，实现无害化处理，避免产生疾病的传播和对水域的污染。采用喷淋装置，可以刺激蛋鸭分泌尾脂腺，梳理羽毛，满足蛋鸭的生理需求，保持原有产蛋量。通过饲料桶和饮水器对蛋鸭的采食和饮水进行控制，保证蛋鸭的采食和饮水的质量，增加了蛋鸭生产的生物安全，而且，将喷淋水与饮水分离，又有效控制了病毒通过粪口途径传播。由于蛋鸭在旱地上活动，减少饲料散落水中引起的浪费，显著节约了蛋鸭的饲料消耗，降低饲养成本。又因为配备了蛋鸭产蛋箱，使鸭蛋的蛋粪污率大大降低，实现净蛋生产，避免造成餐桌污染。因此，用旱地圈养结合喷淋装置，不仅能够保证蛋鸭遗传潜能的充分发挥，不影响蛋鸭的产蛋性能和蛋的品质，大量节省饲料，而且，能够实现无公害饲养，避免疾病传播。

该技术的使用实现了蛋鸭无公害生产，有效提高蛋种鸭的生物安全水平，切断高致病性禽流感等传染病随水流的传播途径，为消除鸭蛋壳粪污带来的餐桌污染提供了技术支撑（图 4-3）。

图 4-3　蛋鸭旱地平养结合间歇喷淋

二、蛋鸭旱地平养结合间歇喷淋技术的主要技术措施

（一）配备设施

1. 旱地运动场和产蛋间

鸭舍设舍内产蛋间和旱地运动场，地面铺水泥。产蛋间用谷壳或木屑作垫料。旱地运动场向外侧倾斜，坡度为 2°～3°。旱地运动场与舍内产蛋间的面积比例为 1～1.5：1。

2. 产蛋箱

开产前，在产蛋间沿墙放置产蛋箱，每个产蛋箱长 40 厘米、宽 30 厘米。每4～5只蛋鸭一个产蛋箱。

3. 饮水器

采用钟式饮水器、普拉松饮水器或专供鸭用的乳头式饮水器。

育雏期（0～28 日龄）每 80～100 只需直径 15 厘米普拉松自动饮水器一个，育成期（29 日龄至开产前 2 周）每 50～60 只需直径 20 厘米普拉松自动饮水器一个，产蛋期（开产后）每 40～50 只鸭应有直径 35 厘米自动饮水器一个，悬挂高度以鸭子正好够着为准。

4. 饲料桶

在产蛋间或旱地运动场有檐处设吊挂式料桶。

育雏期每 80～100 只需直径 25 厘米料桶一个，育成期每 40～50 只配直径 30 厘米的料桶一个，产蛋期每 40～50 只鸭配直径 35 厘米料桶一个，悬挂高度以鸭子正好够着为准。

5. 间歇喷淋设施

在旱地运动场外缘平行于鸭舍纵向铺设宽度80~100厘米的排水沟，排水沟内径500毫米，斜度0.5%。上盖活动漏缝格栅，格栅网眼以鸭掌不陷落为准。格栅上方80~100厘米左右铺设直径1.5厘米间歇喷淋管，喷淋管朝天一侧每隔15~20厘米安装孔径1毫米的喷水孔，保持喷淋管内约1.5个大气压的水压，使喷淋水形成水花。喷淋用水和旱地运动场冲洗用水经排水沟汇集进行无害化处理。

雏鸭每25~35只设置一个喷水孔；育成鸭（29日龄至开产前2周）每15~20只设置一个喷水孔；产蛋鸭（开产后）每10~12只设置1个喷水孔。

6. 无害化处理设施

应设有粪便污水和病死鸭尸体无害化处理设施。喷淋水和旱地运动场的冲洗水经排水沟汇入沼气池，每100只成鸭需要建沼气池1立方米。喷淋用水和旱地运动场冲洗用水经排水沟汇入沼气池，经无害化处理达标排放。

（二）饲养管理要点

1. 产蛋间饲养密度

每平方米产蛋间饲养1~14日龄雏鸭25~35只；15~28日龄雏鸭15~25只，育成鸭8~14只，产蛋鸭（开产后）7~8只。

2. 喷淋程序

蛋鸭旱地平养结合间歇喷淋（表4-1）。

表4-1 蛋鸭旱地平养结合间歇喷淋程序

季 节	每天喷淋次数	每次喷淋时间（分钟）
冬 季	9：00~10：00；15：00~16：00共2次	20~30
春秋季	8：00~9：00；12：00~13：00；16：00~17：00共3次	30
夏 季	8：00~9：00；11：00~12：00；14：00~15：00；17：00~18：00共4次	30~40

3. 鸭蛋收集

初产期要及时拾起窝外蛋，将蛋放进产蛋箱。保持蛋箱和产蛋间垫料清洁，保证鸭蛋壳不受粪便污染。

第四节　蛋鸭生物床养鸭技术

如今低碳养殖越来越受到人们的认可与欢迎，以低排放为特点的生物床养殖技术也受到人们极大关注。生物床养鸭技术因为成本低、技术成熟、操作简单和使用效果好等优点被广大的养殖户肯定与接受（图 4-4）。

图 4-4 蛋鸭生物床养鸭现场

一、蛋鸭生物床养殖的优点

该技术根据微生态学原理，采用益生菌拌料饲喂及生物发酵床垫料的新型饲养方式，构建鸭消化道及生长环境的良性微生态平衡，以发酵床为载体，快速消化分解粪尿等养殖排泄物，在促进鸭生长、提高鸭机体免疫力、大幅度减少鸭疾病的同时，实现鸭舍（栏、圈）免冲洗、无异味，达到健康养殖与粪尿零排放的和谐统一。

二、蛋鸭生物床养殖模式饲养管理技术

（一）生物床的制作

1. 生物床垫料的准备

生物床垫料成分一般比例为：稻壳（或干燥的玉米秸秆、花生壳及树叶）60%～70%，锯末 30%～40%，米糠 1%。

2. 生物床的制备

按每立方米垫料添加 0.1～0.2 千克生物发酵菌剂。菌剂先用 5 千克水（最好是红糖水）稀释搅匀，再与米糠混匀，调节物料水分为 35%～40%（以用手握物料成团不滴水，松手能散开为宜）。再将物料堆积，用彩条布或麻布袋盖严。2～3 天后，在物料快速升温到 60～70℃时翻堆，以使物料发酵完全。4～5 天后，即可将物料铺开，温度达 50℃时使用。制作时，应有专门的技术人员指导操作。

3. 生物床的厚度

蛋鸭生物床的垫料适宜厚度在 30～40 厘米，过低不利于发酵，过高造成

垫料浪费。

（二）蛋鸭的饲养管理

（1）0~7 日龄的雏鸭饲养方法同常规养鸭，只需在专门的育雏室育雏，注射鸭肝炎疫苗，用抗生素消炎，清肠。

（2）8~42 日龄的蛋鸭在生物床上饲养，饲喂同其他模式。

（3）防止热应激的发生。武汉地区蛋鸭的饲养密度：夏、秋季节应以 4 只/平方米为宜，春、冬季节以 6~7 只/平方米为宜。武汉市夏季高温、高湿，饲养密度应适当降低，同时应封闭鸭舍，人工制造鸭只适宜的小环境气候，即把垫料的厚度降到 30 厘米左右，采用通风与水帘或冷风机等降温。因为在炎热的夏季，鸭舍内、外温度都会高达 35℃以上，单纯的通风，降温作用不明显。

（三）疫病防控

（1）发现有病、弱鸭，应及时隔离，防止病源扩散。

（2）按正规程序进行疫苗的免疫注射。

（3）生物床垫料不能消毒，但生物发酵床以外、鸭舍四周及道路等需按程序消毒。

（4）坚持洗澡、更衣、消毒等预防程序。生物床养鸭是一种新技术，经常会有很多人去参观。由于生物床不能消毒，因此要对出入人员进行彻底消毒，即洗澡、更衣、换鞋、消毒等程序。

（四）生物床的维护

（1）8~15 日龄每隔 3~4 天翻动生物床垫料 1 次。

（2）16~42 日龄每隔 2~3 天翻动生物床垫料 2 次。

（3）生物床应保持适宜的湿度，保持物料水分 35%~40%（以用手握物料成团不滴水，置之地面能散开为宜）。

（4）生物床菌种和垫料要及时补充。生物床一般可使用 2 年以上，但使用一段时间后，垫料被生物菌消耗，导致生物床床面降低，此时需补充垫料和菌种；通常 30 天左右补充一些菌种。

（5）蛋鸭进入生物床养殖后，严禁使用抗生素和磺胺类药物。如果使用了上述药物，必须在停药期后补充液体生物发酵菌剂（在专业人员指导下进行），以保证生物床的效果。

（6）饲养过程中，为促进鸭只生长及防止疾病发生，由专业技术人员指导在饲料中加入适量益生菌，严禁用生物床垫料或用发酵菌直接饲喂鸭，必须用专门的饲用生物菌剂按说明书要求添加到饲料或饮水中。

（7）两批鸭之间生物床要重新发酵。每批蛋鸭出栏后，将垫料中掺入适量的锯末、米糠（或玉米粉）和生物床专用菌种重新堆积发酵后，再进行下一批蛋鸭的饲养。

（8）生物床活性的鉴别。生物床发霉变黑，或者被水长时间浸泡，该生物床菌种活性降低、甚至消失，以致不能发挥降解、转化鸭只粪便的功能。所以必须彻底清除干净，还可堆积发酵用于制肥，再重新按上述方法制作生物床垫料。

三、蛋鸭生物床制作过程中的注意事项

（一）鸭粪不能发酵垫料

有些公司在制作生物垫料时要求用鸭粪发酵锯末、稻壳等垫料，实际上这是相当不安全的。因为垫料在发酵的过程中发酵时间短，温度低，不足以杀死有害菌。如果用的是病鸭的鸭粪，会传染给生物床上的健康鸭。

（二）蛋鸭生物床垫料制作时不掺土，效果更好

由于鸭只有戏水的本性，导致饮水点附近湿度很大，垫料中掺土，鸭身上会裹满泥巴，这是管理和技术不当双重错误导致的结果。一方面，有的公司做生物床为降低成本，在生物床上放很多黄土或红土；另一方面，养鸭户管理不当，不及时翻动垫料，饮水点附近的垫料积水变质腐败，鸭只嬉戏脏水，导致鸭只毛羽特别是腹部的羽毛、皮肤被污染甚至皮肤出现小红点。经有关专家的调查，不放土的效果要大大好于放土的效果。

第五节　全室内网上养殖技术

全室内网上养殖技术采用栏舍全程无水网床圈养，彻底改变了蛋鸭依赖水域放养的传统模式，蛋鸭完全脱离游泳水体，在网床上活动，饮水，采食，产蛋。一个养殖周期结束后，养殖户可以将网床下的蛋鸭粪便收集起来作为有机肥，变废为宝，增加额外收入。

一、全室内网上养殖的优点

室内网上平养技术，不受季节、气候、生态环境的影响，一年四季均可饲养，网上平养使鸭群与粪污隔离，减少鸭群病菌的感染机会，有利于增强鸭群体质，提高产蛋率和蛋的品质，实现离岸养殖，避免了对水环境的污染，最终达到既环保又增效的目的。同时鸭舍内通风、卫生等条件改善，有利于鸭体强健，提高产蛋率。

二、全室内网上养殖模式饲养管理技术

（一）技术要点

（1）鸭舍为全封闭式，屋顶墙壁采用特殊材料处理，具有良好的保温隔热

性能，鸭舍两边墙体安装足够数量的大面积铝合金或者塑料窗户，保证鸭舍有良好的采光和通风。宜采用自动喂料系统、刮粪和饮水系统及通风降温系统等（图 4-5）。

（2）舍内纵向分隔为"活动区"和"产蛋区"，两个区之间设有开闭通道；横向每隔 10～20 米设立隔断，每个养殖区 100～150 平方米。活动区架设养殖网床，塑料漏粪地板、塑料网或者金属网均可，高度为 60～80 厘米；采用硬质塑料漏粪地板，强度高，耐用，拆装方便。产蛋区高度比活动区低 15～20 厘米，宽度为 50～80 厘米，铺垫 10～15 厘米厚稻草或者稻壳，方便蛋鸭做窝。

（3）粪便收集和处理。安装自动刮粪设备，每天刮粪一次，并清理到粪便处理区进行堆肥或者制成有机肥。

（4）饲喂和温度控制。安装自动喂料系统和喷雾消毒系统，配备自动控制水位水槽。在鸭舍两端山墙安装足够数量的风机和湿帘，以满足高温季节降温通风的需要。

（5）后备蛋鸭饲养至 70～90 天，即可入舍饲养，密度为每平方米 4～5只。每天晚上 9～10 时打开进入产蛋区通道，早晨 5～6 时关闭，目的是限制蛋鸭在产蛋区的停留时间，保证产蛋区的干燥和清洁卫生。饲养过程中，要注意减少应激，饲料中适当强化维生素 D 和钙。

图 4-5　蛋鸭全封闭旱养模式

（二）全室内网上养殖的饲养管理

（1）产蛋期间管理，从产蛋初期开始，随日龄增加饲料营养，提高粗蛋白水平，并适当增加饲喂餐数。从产蛋率达到 50％起应供给蛋鸭高峰期配合饲料。应掌握饲料过渡时间，一般以 5 天为宜。换料的同时人工补光。每只鸭日采食量控制在 150 克以下。自由饮水，保证清洁卫生。

（2）做好夏季防暑降温，冬季防寒保暖。室内相对湿度为 60％～65％。根据蛋鸭品种确定饲养密度。一般情况下 7～8 只/平方米，夏季可适当降低饲养密度；喂食、捡蛋等日常管理保持稳定。高温季节打开风机水帘通风换气、降温除湿。室温超过 30℃时可打开风机、水帘降温通风。

（3）光照为自然光照＋人工补充光照。光照时间逐渐增加，不少于 14 小时，人工光照每次增加 1 小时，每 7 天增加 1 次，直到每天光照达到 16 小时，稳定光照时间。通宵弱光照明，弱光强度为 3～5 勒克司。弱光灯挂在饮水线附近，便于饮水及鸭群休息，防止鸭子惊群。

（4）产蛋期做好消毒防疫和禽流感免疫抗体监测，及时淘汰停产鸭、低产鸭和残次鸭。

（5）春夏秋冬每季节各驱虫 1 次，使用阿维菌素或者伊维菌素一次性投服。

（6）产蛋前期注意观察产蛋率、蛋重和体重变化情况，及时调整饲料营养水平，体重保持不变或稍有增加，促进产蛋率快速升到高峰，蛋重达到标准。产蛋中期保证营养充足、全面供应，体重要保持不变。

三、全室内网上养殖过程中的注意事项

（1）选择适宜网上养殖的优质鸭品种。网上养殖要选好鸭苗，尽量不养残弱的国绍 1 号鸭苗，一旦发现必须隔离饲养，因为鸭群比较集中，容易将弱苗踩死。

（2）饲喂优质全价饲料。饲料是养鸭的物质基础，投喂优质的饲料是保证鸭体重达标的前提。饲料品质好坏主要取决于饲料配方的科学性和营养水平、饲料原料的品质、饲料工业生产工艺。饲喂方式采取自由采食。

（3）加强鸭群管理。要减少应激，尽量避免鸭发病。饲养过程尽量减少人员出入，非饲养人员不能进入鸭舍。选择塑网时一定要选择网孔较小而且表面光滑的网，以免鸭腿被卡在网孔内受伤。管理上要实行定人、定时、定饲料，平时做好常规的卫生防疫工作。

（4）饲养密度。选择适宜的蛋鸭网上饲养密度。

第五章 国绍 1 号蛋鸭主要疫病防控技术

第一节 鸭的病毒性病

一、鸭流感

鸭流感是由正黏病毒科的 A 型流感病毒引起的可侵害各品种、各日龄鸭的一种高度致死性传染病，是当今危害养鸭业最为严重的疫病。可引起肉鸭高发病、高死亡，在种鸭、蛋用鸭中除出现死亡外还表现出产蛋异常（产蛋量下降、产异常蛋、无产蛋高峰、持续低产蛋率等）。在临诊上以各种明显的神经症状、心肌坏死、胰腺大量白色坏死点、透明样或液化样坏死点、坏死灶为特征。

（一）实用诊断技术

1. 临床诊断技术

（1）流行病学。众所周知 A 型流感病毒最复杂的生态系统在于禽类，尤其是水禽。关于水禽（鸭、鹅等）流感，尤其是鸭，过去人们普遍认为水禽仅为流感病毒的携带者而不发病，然而 20 世纪 90 年代中期以来鸭感染高致病力流感病毒发病、死亡的事实打破了人们对鸭流感的传统认识，鸭不仅已成为对流感高度易感的自然感染发病、死亡的禽类，且可横向传染陆生禽类而成为其发生流感的传染源，这是目前应高度重视的一个动向。

患禽流感病禽、感染禽流感的病死禽、貌似健康的带毒禽等均为该病的传染源。本病可垂直传播和水平传播（经污染的水源、空气、鸭贩等传播）。各品种鸭均可感染发病，但以番鸭发病为甚。各种日龄鸭均有感染发病，但临床上以 20 日龄以上的鸭群发病多见。患该病病鸭群的发病率、病死率与鸭的品种、日龄和病毒的亚型（毒力）及有无并发或继发症有关。在雏鸭，发病率高达 100%，而病死率为 30%～95%，感染鸭在出现症状后 1～3 天内死亡。在种鸭、蛋用鸭中，发病率、病死率相对较低，主要表现为产蛋异常。

该病一年四季均有发生，但以每年的 11 月至次年的 4～5 月发病较多。发生该病的鸭群易并发或继发鸭传染性浆膜炎、鸭大肠杆菌病、鸭副伤寒、鸭霍乱及鸭球虫病等。凡有并发或继发其他疫病的鸭群其病死率明显高于该病的单一感染。

不论是地面还是网上饲养的肉鸭、蛋鸭、种鸭，亦不论是圈养的鸭还是放养的鸭，不管是单一饲养的鸭场还是鸡、鸭混养或鸡鸭同场分隔饲养的禽场，几乎均有发病、死亡，只是发病率、病死率高低不一而已。

鸭在禽流感病毒的贮存及传播等方面具有十分重要的流行病学意义，因此定期监测鸭等水禽体内及其环境（水）中禽流感病毒的分布情况，对预防和控制禽流感的发生及流行具有十分重要的意义。

（2）临床症状。在肉鸭中，患该病病鸭表现为严重的精神萎顿，多闭眼蹲伏；各种神经症状（扭颈呈"S"状、头顶部触地、仰翻、侧卧、横冲直撞、共济失调等）；肿头；流泪、红眼；呼吸困难（张口呼吸或喘气）；腹泻（排白色或青绿色稀粪）。

在蛋鸭、种鸭中，患该病的蛋用鸭群或开产种鸭群中 15%～90% 的鸭不产蛋，导致整群鸭产蛋率急剧下降（如从 95% 降至 10% 左右或停产）或（和）产异常蛋（软壳蛋、粗壳蛋、薄壳蛋、无壳蛋、畸形蛋等）或（和）无产蛋高峰或持续低产蛋率或（和）低死亡率（日死亡率 0.1%～1.3%）或无死亡。

（3）剖检病变。在肉鸭中，病死鸭主要表现为呼吸道（气管、支气管）病变、肺出血或瘀血；胰腺表面大量针尖大小的白色坏死点或透明样或液化样坏死点或坏死灶；心冠脂肪出血，心肌表面有灰白色条纹样坏死，心包炎、心包积液；腺胃黏膜局灶性溃疡；肠道（十二指肠、空肠、直肠等）黏膜出血、有血凝块。此外，还可见脑膜出血、脑组织局灶性坏死以及肝脏、脾脏肿大、呈斑状出血或淤血等病变（图 5-1～图 5-13）。

图 5-1　心冠脂肪出血　　　　　　　　图 5-2　心包炎

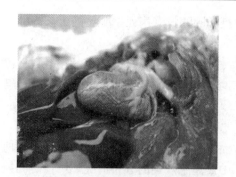

图 5-3　心肌条纹样坏死

图 5-4　肝脏出血

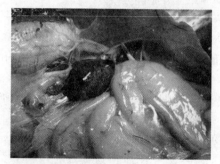

图 5-5　脾脏出血

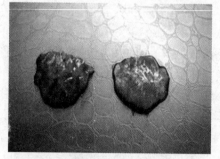

图 5-6　肺脏出血

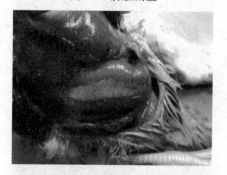

图 5-7　胰腺白色坏死点

图 5-8　胰腺出血

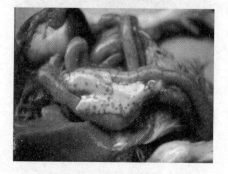

图 5-9　胰腺透明样坏死

图 5-10　脑膜出血

图 5-11　脑组织坏死

图 5-12　淋巴集结出血

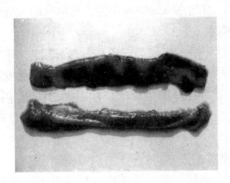

图 5-13　肠道黏膜出血、有血凝块

　　在蛋鸭、种鸭中，患该病的蛋用鸭或开产种鸭的主要剖检病变除有肉鸭病变外，还表现在卵巢、卵泡及输卵管上。卵泡膜严重充血、出血，输卵管黏膜出血、水肿、并附有豆腐渣样凝块，甚至有个别病（死）鸭卵泡破裂于腹腔中（图 5-14，图 5-15）。

图 5-14　卵泡严重出血

图 5-15　卵泡破裂

2. 实验室诊断技术

　　根据该病的特征性临床症状及剖检病变可作出诊断，目前该病的实验室诊断方法有病毒的分离与鉴定、琼脂扩散试验、血凝及血凝抑制试验、酶联免疫吸附试验和聚合酶链式反应等。

3. 类症鉴别

在临诊上，关于该病的鉴别诊断，首先在雏鸭中应注意与雏鸭病毒性肝炎相区别，雏鸭病毒性肝炎以肝脏肿大、表面有点状或瘀斑样出血及肾脏肿大出血为特征；其次对于雏番鸭，该病极易与"三周病"相混淆，患"三周病"的雏番鸭一般无神经症状和流感病（死）鸭的心肌及胰腺特征性病变；对于出现三炎（心包炎、肝周炎、气囊炎）且又有流感病变的肉鸭流感病例，应与单一的鸭传染性浆膜炎、鸭大肠杆菌病等相区别。在种鸭、蛋鸭中，由于发生流感后极易并发或继发大肠杆菌病，因此在临诊中也应注意与单一的大肠杆菌病加以区别。

（二）实用预防技术

控制本病的传入是预防本病的关键措施，做好引进种鸭、种蛋的检疫工作，坚持全进全出的饲养方式，加强消毒，做好一般疫病的免疫，提高鸭的抵抗力。

鸭流感灭活疫苗具有良好的免疫保护作用，是预防本病的主要措施、关键环节和最后防线，但应选择与本地流行的鸭流感病毒毒株血清亚型相同的灭活疫苗进行免疫。

（三）实用治疗技术

一旦发现高致病力毒株引起的鸭流感，应及时上报、扑灭。对于中等或低致病力毒株引起的鸭流感，可用一些抗病毒药物（如金刚烷胺、病毒灵等）和广谱抗菌药物以减少死亡和控制继发感染。

二、雏鸭病毒性肝炎

雏鸭病毒性肝炎是由小 RNA 病毒科鸭甲肝病毒引起的急性高度致死性传染病，各种雏鸭均可感染发病，是育雏阶段最为严重的传染病之一。临诊上以 3 周龄以内的雏鸭多发，传播迅速、发病急、病死率高，肝脏肿大、表面多量出血点或出血斑及肾脏肿大、出血为特征。

（一）实用诊断技术

1. 临床诊断技术

（1）流行病学。雏鸭病毒性肝炎主要发生于 1～3 周龄的雏鸭，临床上以 10 日龄前后为高发阶段，日龄愈小，发病率、病死率也愈高。鸭群一旦发病，疫情则迅速蔓延，发病率高达 100%，病死率高低不一，多为 20%～60%，有的鸭群病死率可高达 95%。该病一年四季均有发生，但以冬春两季多见。

（2）临床症状。雏鸭肝炎病毒感染的潜伏期短，人工感染雏鸭可在 24 小时内出现部分死亡。临床上表现为发病急，死亡快。感染鸭精神沉郁、行动迟缓、跟不上群，蹲伏或侧卧，随后出现阵发性抽搐，大部分感染鸭在数分钟或数小时内死亡。死亡鸭多数呈明显的角弓反张姿势（图5-16）。

　　患本病病鸭往往呈现尖峰式死亡，疾病暴发后，死亡率迅速上升，2～3天内达到高峰，然后迅速下降，甚至停息。但对于免疫抗体水平不均一，特别是母源抗体参差不齐的雏鸭群则可能出现不规律的死亡。

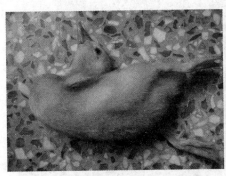

图5-16　鸭肝炎病毒感染引起雏鸭角弓反张及大量死亡

　　（3）剖检病变。雏鸭病毒性肝炎剖检时眼观变化主要表现为肝脏明显肿大，肝脏表面有明显的出血点或出血斑，有时可见条状或刷漆状出血带。肾脏轻度肿胀和出血（图5-17～图5-19）。

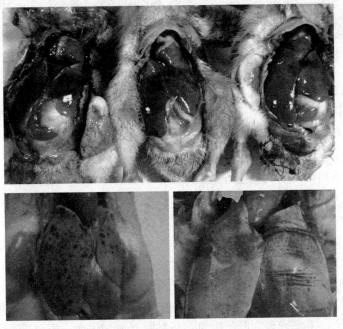

图5-17　感染雏鸭肝脏有不同程度的出血点和出血斑

图 5-18　鸭肝炎病毒感染雏鸭肾脏肿大、出血

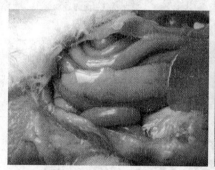

图 5-19　鸭肝炎病毒感染雏鸭胰脏坏死点和淤血

2. 实验室诊断技术

根据该病多发生于 3 周龄以内的雏鸭，发病急、死亡迅速，肝脏明显肿胀、表面有出血点或出血斑及肾脏肿大、出血等作出临床诊断。

3. 类症鉴别

应与鸭出血症、鸭流感等类似疫病以及雏鸭煤气（一氧化碳）中毒、急性药物中毒等相区别。

雏鸭煤气（一氧化碳）中毒，多见于冬季，在雏鸭舍烧煤取暖而通风措施不良时多发，主要表现为雏鸭突然大量死亡，且离取暖炉越近死亡越多，死亡鸭上喙发绀，剖检死亡鸭可见肝脏、肾脏出血，血液凝固不良。

雏鸭急性药物中毒，养鸭生产中偶尔可出现用药不当或用药量严重超标导致的大量雏鸭急性药物中毒死亡。药物中毒病例的肝脏一般不出现明显的出血点和出血斑，主要表现为肝脏瘀血，肠黏膜充血和出血。需要进行回顾性调查和饲养对比试验加以证明。

该病的实验室诊断方法有病毒的分离鉴定、雏鸭接种试验及血清学方法等。

（二）实用预防技术

接种疫苗是预防本病的最有效措施。对于无母源抗体的雏鸭（种鸭在开产前未接种过疫苗），在 1～3 日龄接种一次雏鸭肝炎弱毒疫苗后可以产生良好的免疫力。另外可通过免疫种鸭来保护雏鸭，具体做法为种鸭于开产前间隔 15 天左右接种两次雏鸭肝炎弱毒疫苗，然后在产蛋高峰期后再免疫 1～2 次，可以保证雏鸭具有较高的母源抗体。母源抗体对 10 日龄以内的雏鸭具有良好的保护作用。对于病毒污染比较严重的鸭场，10 日龄以后的雏鸭仍有部分可能被感染，可再补充注射雏鸭肝炎高免卵黄抗体。

（三）实用治疗技术

对于发病鸭群可紧急注射雏鸭肝炎高免卵黄抗体或高免血清来控制疫情，每羽注射 1.0～1.5 毫升。

三、鸭坦布苏病毒病

自 2010 年 4 月开始，在我国东南部地区的部分鸭场发生一种以产蛋严重下降为主要特征的传染病，并迅速蔓延至各养鸭地区，包括浙江、福建、广东、广西、江西、江苏、山东、安徽、上海、河南、河北和北京等，给种鸭和蛋鸭养殖造成了巨大的经济损失。被感染鸭包括北京鸭、北京樱桃谷鸭、麻鸭、连城白鸭、白改鸭等多个品种（系），最明显的临床症状为采食量骤降、产蛋率骤降，感染鸭群产蛋率于 5～7d 内可降至 10%，甚至完全停产。剖检发病鸭可见产蛋鸭卵泡出血、破裂、萎缩和卵黄液化等。随后，在鹅和商品肉鸭也出现大规模感染，个别地区也有鸡群感染的报道。通过对该病进行系统的流行病学调查、病原分离、动物回归试验、病理学研究和病毒全基因组测序，确定该病为一种新发生的病毒病，其病原在遗传学上与马来西亚蚊源性坦布苏病毒（Tembusu virus，TMUV）密切相关，曾命名为"鸭 BYD 病毒""鸭新型黄病毒""鸭坦布苏病毒样病毒"等，目前定名为"鸭坦布苏病毒"。目前该病在我国绝大部分养鸭地区均有流行，已成为危害水禽养殖的重要传染病之一。

（一）实用诊断技术

1. 临床诊断技术

（1）流行病学。中国自 2010 年 4 月暴发鸭坦布苏病毒感染以来，该病已蔓延到江苏、浙江、福建、山东、安徽、江西、广东、广西、湖南、上海、河南、河北和北京等地，造成大范围的鸭群感染。已报道从麻鸭、北京鸭、北京樱桃谷种鸭、番鸭、北京樱桃谷肉鸭、半番鸭及鹅中分离到病毒，并在实验条件下成功复制出该病。也有报道从发病的产蛋鸡群中分离到鸭坦布苏病毒。此外，从发病鸭场附近的麻雀和死亡鸽体内也分离到病毒，表明野鸟和其他禽类亦可能被感染，或者携带病毒成为鸭坦布苏病毒的传染源。

与黄病毒属的大部分成员一样，坦布苏病毒最早分离自蚊，并且通过 SPF 雏鸡感染实验已证明可经蚊虫叮咬传播，不排除鸭坦布苏病毒可通过蚊虫等吸血节肢动物在易感鸭群中传播的可能。

（2）临床症状。临床上发病鸭群主要以产蛋鸭为主。鸭群前期主要表现为突然出现采食量下降，随之产蛋量急速下降，严重感染鸭群的产蛋率通常在 5～7d 之内下降至 10% 以下，直至停产。现场可见部分感染鸭排绿色稀粪、趴卧或不愿行走，驱赶时出现共济失调。发病前期很少出现死亡，但进入中后期，出现行动障碍的鸭逐渐增多，这部分鸭被淘汰或死亡。根据鸭群的状态及饲养管理条件不同，感染死亡和淘汰率为 5%～28%。随着疫病的流行和蔓延，老疫区鸭群感染的临床表现相对轻缓，采食量略有下降或无明显下降，产蛋率下降 30%～50%，死淘率往往无明显的上升。

临床上偶尔可见 2～3 周龄的商品肉鸭感染和发病，主要以神经症状为主，患鸭站立不稳、运动失调、仰翻或倒地不起。病鸭虽然仍有饮食欲，但往往因为行动困难无法采食，因饥饿或被践踏而死，淘汰率为 10%～30%，个别群可高达 70%。

（3）剖检病变。感染鸭坦布苏病毒后，开产种（蛋）鸭、后备种（蛋）鸭、肉用鸭和公鸭呈现不同的剖检病变（图 5-20～图 5-26）。

图 5-20　鸭坦布苏病毒感染鸭病剖检变化
A～C 显示不同程度的卵巢出血；D 为正常卵巢

感染开产种（蛋）鸭剖检最典型的病变主要见于卵巢，初期可见部分卵泡充血和出血，中后期则可见卵泡严重出血、变性和萎缩。部分鸭可见脾脏肿大和卵黄液化、卵黄性腹膜炎。

未开产后备种（蛋）鸭感染鸭坦布苏病毒后多无明显临床症状，但其卵泡表现不同程度的出血，在生产中表现为不开产、迟开产，整个鸭群开产严重参差不齐、无产蛋高峰、产蛋高峰出现迟或产蛋高峰持续时间短等。种公鸭感染鸭坦布苏病毒后主要表现为睾丸出血、萎缩，精子质量下降、受精率低。

图 5-21　鸭坦布苏病毒感染引起鸭脾脏肿大，右侧为正常对照

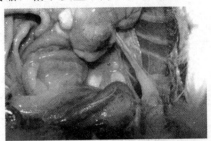

图 5-22　鸭坦布苏病毒感染鸭引起的卵黄性腹膜炎，腹腔有卵黄性渗出液

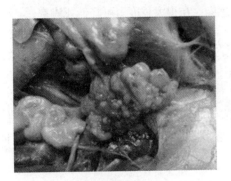

图 5-23　后备蛋鸭部分卵泡出血

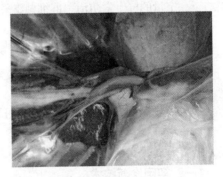

图 5-24　后备公鸭睾丸出血

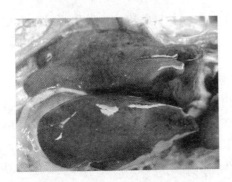

图 5-25　肉鸭肝脏局灶性出血

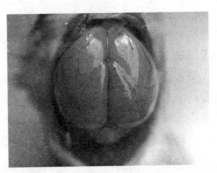

图 5-26　肉鸭脑组织轻度出血

商品肉鸭感染鸭坦布苏病毒后，剖检见局灶性肝出血、脑轻度出血，其他脏器无肉眼可见病变。

2. 实验室诊断技术

该病的诊断除了依据其临床特征及剖检病变做初步诊断外，其确诊有赖于实验室的诊断，包括病毒分离、免疫学检测方法和分子生物学鉴定方法。

3. 类症鉴别

在临诊中，对于开产种（蛋）鸭发生鸭坦布苏病毒感染时，应与禽流感、副黏病毒感染、呼肠孤病毒感染等相区别；而对于肉用鸭鸭坦布苏病毒感染，应主要与禽流感、鸭传染性浆膜炎等区别开。

（二）实用预防技术

种鸭或蛋鸭在开产前间隔 2～3 周免疫接种 2 次油佐剂灭活疫苗后，对强毒感染具有明显的保护作用。雏鸭在 5～7 日龄接种 1 次油佐剂疫苗后 3 周对实验感染具有良好的保护作用。

（三）实用治疗技术

对已经感染和发病的鸭群，目前尚无有效的治疗方法。针对发病鸭群可采取适当的支持性治疗，在饮水中添加一定量高品质复合维生素添加剂，并通过饮水适当给予一定量的抗生素防治鸭群细菌继发感染，在很大程度上可降低死淘率。

第二节　鸭的细菌性病

一、鸭大肠杆菌病

鸭大肠杆菌病是指由致病性大肠杆菌引起鸭全身或局部感染的一种细菌传染性病，在临床上有大肠杆菌性败血症、腹膜炎、生殖道感染、呼吸道感染、脐炎、蜂窝质炎等病型。

（一）实用诊断技术

1. 临床诊断技术

（1）流行病学。从胚胎到成年种（蛋）鸭，各日龄段均可发生感染，其中以雏鸭和中鸭感染引起的死亡比较常见。本病可通过呼吸道、伤口、生殖道、种蛋污染等途径感染和传播。

种蛋污染可造成孵化期胚胎死亡和雏鸭早期感染死亡。育雏和中鸭阶段感染发病率和死亡率与饲养管理条件密切相关。成年鸭和种（蛋）鸭主要以生殖道感染和腹膜炎比较多见，表现零星死亡。天气寒冷、鸭舍地面潮湿时发病率较高。育雏温度过低也可增加本病的发生。

（2）临床症状。胚胎期感染表现为死胚增加，胚胎尿囊液混浊，卵黄稀薄或明显的吸收不良。

卵黄囊感染的雏鸭主要表现为脐炎（大肚脐）。雏鸭精神不振，行动迟缓和呆滞，拉稀以及泄殖腔周围粪便沾染等。

雏鸭和中鸭大肠杆菌性败血症，其临床表现与鸭传染性浆膜炎基本相似；呼吸道型大肠杆菌病主要表现为呼吸困难，发病率高、病死率低。

成年鸭大肠杆菌性腹膜炎多发生于产蛋高峰期之后，病程发展比较缓慢，表现为精神沉郁、喜卧、不愿走动，站立或行走时腹部有明显的下垂感。种（蛋）鸭生殖道型大肠杆菌病常表现为鸭群产蛋量下降或达不到预期的产蛋高峰，或出现产软壳蛋、薄壳蛋、小蛋、粗壳蛋、无壳蛋等各种畸形蛋。

（3）剖检病变。卵黄囊感染可见腹部鼓胀，卵黄吸收不良以及肝脏肿大等。

大肠杆菌性败血症的特征性病变主要表现为心包炎、肝周炎，肝脏肿大、表面有一层纤维素膜，气囊壁增厚、浑浊、表面有干酪样渗出物（图5-27～图5-29）。呼吸道型大肠杆菌病可见肺脏出血和淤血。

大肠杆菌性腹膜炎可见腹腔有蛋黄样液体和干酪样渗出物；肝脏肿大，有时可见表面有纤维素性渗出物（图5-30～图5-37）。

生殖道大肠杆菌病可见卵泡淤血、出血，卵泡破裂、畸形等；输卵管黏膜充血、出血，有大量胶胨样或干酪样渗出物（图5-38～图5-40）。

图5-27　心包炎，包膜增厚

图5-28　肝周炎，肝脏表面覆盖有纤维素性渗出物

图5-29　气囊炎，气囊上积聚纤维素性渗出物，混浊、增厚

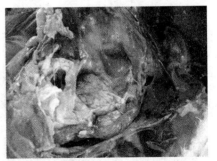

图5-30　严重的卵黄性腹膜炎

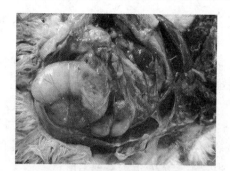

图 5-31　严重的出血性腹膜炎

图 5-32　腹腔内多量血色样物

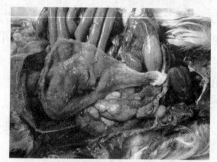

图 5-33　输卵管内膜出血、水肿

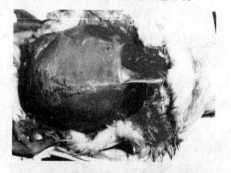

图 5-34　腹部隆起，触压有波动感

图 5-35　腹腔积液，呈血色

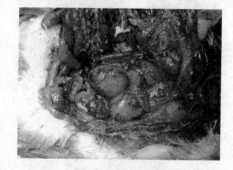

图 5-36　卵泡出血

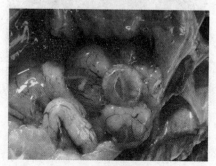

图 5-37　卵泡破裂物

图 5-38　卵泡破裂，弥漫于腹腔

图 5-39　卵泡破裂，卵黄充盈腹腔

图 5-40　输卵管腔内充满卵黄

2. 实验室诊断技术

可根据发病鸭日龄、临床症状、剖检病变作出初步诊断。但确诊，需进行细菌的分离鉴定。可取病料接种于麦康凯琼脂平板上，37℃培养 16～24 小时可见平板上形成红色菌落，必要时可进一步做生化鉴定和血清学定型。对于使用过抗生素的病例，可先使用液体培养基进行增菌培养以提高细菌的分离率。

3. 类症鉴别

在临诊中，雏鸭或中鸭大肠杆菌败血症，与鸭传染性浆膜炎相类似，可根据各自的临床特点和细菌的分离培养特性加以区别。种（蛋）鸭生殖道型大肠杆菌病，易与种（蛋）鸭流感、减蛋综合症、鸭坦布苏病毒感染等相混淆，也可根据各病的临床特点和病原的分离鉴定进行区别。呼吸道型大肠杆菌病与鸭流感相类似，也可根据各病的临床特点和病原的分离鉴定加以区分。

（二）实用预防技术

保持合适的饲养密度和改善鸭舍的卫生条件对该病的预防至关重要，特别是育雏舍应注意通风、保持鸭舍干燥、及时清粪，地面育雏时要勤换垫料，采取"全进全出"的饲养方式，以便能够进行彻底的空舍和消毒。有水池的鸭场应保持水体清洁，勤换水和消毒，避免种鸭交配过程中生殖道感染。及时收集种蛋并进行表面清洁消毒，入孵前应进行熏蒸或浸泡消毒。

免疫接种大肠杆菌灭活疫苗可有效地预防大肠杆菌病的发生，减少死亡和防治种（蛋）鸭产蛋下降及产软壳蛋、薄壳蛋、小蛋、粗壳蛋、无壳蛋等各种畸形蛋，但由于大肠杆菌的血清型多而复杂，在养鸭生产中也应考虑使用自家苗或多价疫苗（0.5～1.0 毫升/羽），商品肉鸭可选用大肠杆菌和传染性浆膜炎二联苗。

（三）实用治疗技术

由于大肠杆菌极易产生耐药性，因此在临床治疗时，应根据所分离细菌的药敏试验结果选择高敏药物，并要定期更换用药或几种药物交替使用，目前可供选择的药物有丁胺卡那霉素、先锋类抗菌素、壮观霉素、喹诺酮类和磺胺类药物等。

二、鸭传染性浆膜炎

鸭传染性浆膜炎，又名鸭疫巴氏杆菌病或鸭疫里默氏菌病，是由鸭疫里默氏菌引起的可危害各品种商品肉鸭的主要细菌性传染病之一，在我国各养鸭地区流行严重，对养鸭业造成巨大经济损失，除导致感染鸭发病、死亡造成直接经济损失外，还产生感染鸭生长迟缓、僵（残）鸭率增高、淘汰鸭增多等间接经济损失。在临诊上，该病主要以患病鸭表现出各种神经症状、三炎（心包炎、肝周炎、气囊炎）、脾脏肿大并呈大理石样外观为特征。

（一）实用诊断技术

1. 临床诊断技术

（1）流行病学。该病多发生于 35 日龄以内的雏鸭，高发日龄因地区和饲养方式的不同而略有差异。网上育雏和鸭舍比较干燥的鸭群发病往往以 2～4 周龄比较多见，而饲养条件较差的鸭群在很小日龄时即可感染发病，并且持续不断。

自然条件下该病主要经呼吸道途径传播，发病率 10%～40%，发病鸭死亡率 5%～80%。该病一年四季均有发生，但寒冷季节或气候多变时发病鸭群增多，发病率稍高。鸭舍环境卫生差、饲养密度高、通风不良等均可促发本病。

（2）临床症状。感染鸭临床表现为精神沉郁、蹲伏、缩脖和采食减少。部分鸭有神经症状，表现为头颈歪斜、步态不稳和共济失调，拉稀或排黄绿色粪便。随着病程的发展，部分感染鸭转为僵鸭或残鸭，表现为生长迟缓和消瘦。

（3）剖检病变。感染该病的病（死）鸭最明显的剖检病变为心包膜纤维素性炎症，表现为心包增厚、严重粘连、心脏表面有大量纤维素性和干酪样渗出物；肝脏肿大，表面有一层纤维素性膜；脾脏肿大，表面呈大理石样；气囊膜增厚，不透明，表面有干酪样渗出物；脑膜炎，脑膜充血或出血；偶尔可见胰腺出血（图 5-41）。

2. 实验室诊断技术

临床上可根据该病的发生特点（主要发生于雏鸭、发病过程相对缓慢、病程持续时间长、部分病鸭有轻度神经症状等），结合剖检时所观察到的病变可作出初步诊断。

该病的实验室诊断方法有细菌的分离和鉴定、免疫荧光抗体快速检测法、PCR 等。

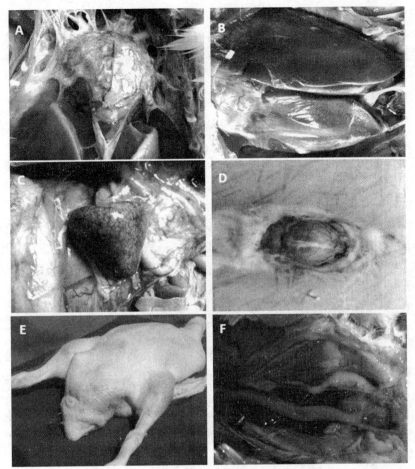

图 5-41　鸭疫里默氏菌感染的大体病变
A. 心包膜纤维素性渗出　B. 肝表面形成纤维素性膜　C. 脾脏肿大，
表面呈斑驳的大理石样　D. 脑膜及脑膜下充血
E. 皮下感染形成蜂窝织炎　F. 后备鸭输卵管栓塞

3. 类症鉴别

在临诊中，该病的剖检病变与雏鸭大肠杆菌病、鸭衣原体病、雏鸭流感继发该病或鸭大肠杆菌病、雏番鸭"花肝病"继发该病或鸭大肠杆菌病等相类似，可根据各病的临诊特点和病原的分离培养特点加以区别。

（二）实用预防技术

预防本病的首要条件是保持合适的饲养密度和改善鸭舍的卫生条件，特别是育雏舍应注意通风、保持鸭舍干燥、及时清粪，地面育雏时要勤换垫料，采取"全进全出"的饲养方式，以便能够进行彻底空舍和消毒。

疫苗接种是预防本病的最重要措施。雏鸭于 4～7 日龄接种鸭传染性浆膜炎油佐剂疫苗（0.5～0.7 毫升/羽）可有效地预防本病的发生，商品肉鸭接种一次后其免疫力可维持到上市日龄。另外还可选用鸭传染性浆膜炎蜂胶疫苗或铝胶疫苗。但特别要注意的是由于该病的病原血清型多达 20 余种，且不同血清型之间几乎没有交叉保护作用，因此应根据本场和本地区的疫病流行情况及血清型选择适当的疫苗或自家苗，以保证免疫效果确实。

（三）实用治疗技术

发生该病的鸭群应根据细菌的药敏试验结果选用敏感药物进行治疗，目前可供选择的药物有先锋类抗菌素、丁胺卡那霉素、壮观霉素和磺胺类药物等。

三、鸭霍乱

鸭霍乱，又名鸭出败、鸭巴氏杆菌病，是由禽源多杀性巴氏杆菌引起各品种鸭的一种接触性、败血性传染病。其主要发病特点是病程短促、致死率高、高热下痢、急性败血症，临诊中以发病突然、高发病率、高病死率、呼吸困难、肝脏表面大量白色坏死点、心冠脂肪和心肌出血、肠道出血为特征。

（一）实用诊断技术

1. 临床诊断技术

（1）流行病学。各品种、各日龄鸭均可感染发病，但 1 月龄以下的雏鸭和产蛋鸭的发病率和死亡率较高，发病急、死亡迅速，死亡率可高达 60%。患该病病鸭和带菌鸭是最危险的传染源，此外健康家禽和野禽带菌的比例也很高，可传染鸭而使其发病。在健康鸭中，高达 60% 的鸭常带菌，主要存在于鼻腔和呼吸道，多为终身带菌，常因应激因素（如气候突变、饲养管理方式改变、长途运输等）的影响而诱发本病。

该病多发于 5～9 月，主要通过消化道传染，其次是呼吸道和眼结膜。

（2）临床症状。鸭感染本病后，根据感染菌株毒力的不同和病程长短而表现出不同的临床症状，可分为以下三种病型：

①最急性型：无明显可见的症状，雏鸭或产蛋鸭常在吃料时或吃料后，突然倒地迅速死亡，因而常可在料槽旁发现死鸭。

②急性型：此型在临床上多见，病鸭体温升高、精神萎顿、食欲降低或废绝；口鼻分泌物增多，常堵塞喉头引起呼吸困难，严重的病鸭张口呼吸，病鸭摇头或甩头排出分泌物；病鸭剧烈腹泻，初为灰白色，后变为污绿色、巧克力色或红色。

③慢性型：此型较少见，常表现为慢性关节炎，病鸭足部或翼部关节肿大，翅膀下垂或不愿走动，蹲于一角，驱赶时行动缓慢、跛行。

（3）剖检病变。

①最急性型：无特征性的剖检病变。

②急性型：病死鸭表现为急性败血症。心包积液，心外膜、心冠脂肪上有针尖大或块状出血；肺出血；肝脏肿大、质地变脆，上面布满多量针尖大到针头大的灰白色圆形规则坏死点或坏死灶；脾脏肿大，表面偶见灰白色坏死点或坏死灶；肠道膨胀、肠壁变薄、肠黏膜脱落，肠内容物黏稠、呈糊状、有特殊的臭味，肠壁充血或有出血点，严重的有环状出血带（图5-42）。

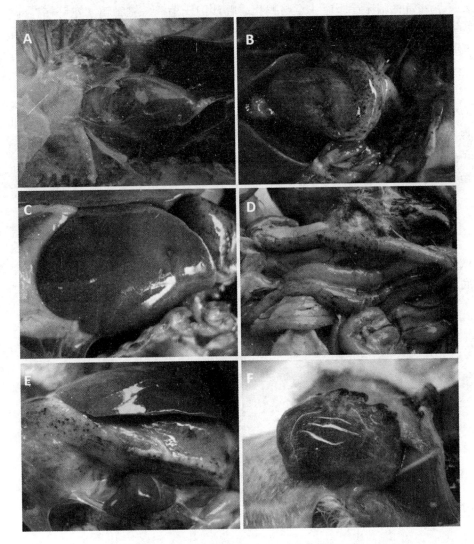

图5-42　鸭多杀性巴氏杆菌感染的大体病变

A. 心包内有大量黄色透明积液　B. 心肌和心冠脂肪出血严重，有大量出血点和出血斑

C. 肝脏表面有大量针尖大小的灰白色坏死点　D. 肠道浆膜面可见有大量的出血斑

E. 脾脏肿大，表面花斑状，腹腔脂肪出血　F. 肺脏出血和水肿

③慢性型：受害关节肿大，内有暗红色炎性渗出物以及干酪样坏死。

2. 实验室诊断技术

根据流行病学、临床症状、剖检病变和药物治疗有效可作出初步诊断，确诊需要实验室诊断。实验室诊断方法有细菌的分离和鉴定、PCR 等。

3. 类症鉴别

鸭霍乱的临床诊断应注意与鸭瘟、鸭沙门氏菌病、雏番鸭"花肝病"、鸭"白点病"等相区别。鸭瘟的典型症状为头颈肿大，特征性剖检病变为食道和泄殖腔黏膜上覆盖有一层假膜，肝脏表面有不规则的坏死灶，且药物治疗无效。

（二）实用预防技术

加强鸭群的饲养管理，避免应激因素的刺激，清除病鸭和康复带菌鸭，可以有效地预防该病。在有鸭霍乱流行的地区应于 20～25 日龄时免疫接种疫苗，可供选择的疫苗有禽霍乱荚膜亚单位疫苗、禽霍乱弱毒疫苗和禽霍乱灭活疫苗。对于种鸭，还应于开产前半个月左右再免疫接种一次，开产后每半年免疫一次。

（三）实用治疗技术

鸭群发生该病时，可选用磺胺类药物等抗菌素治疗，用药前最好进行药敏试验筛选出高敏药物，用药时应选多种药物交替使用，此外还应做好鸭场的彻底清洗和消毒工作。

第六章　蛋鸭产品加工与质量控制

国绍 1 号作为高产蛋鸭配套系，其蛋产品（咸蛋、皮蛋和糟蛋等）加工对于蛋鸭业尤为重要，这不仅大大提高了产品附加值，增强抵御市场风险的能力，同时也使产品在较长时间内保持优质性。同时质量安全问题是当今人们关注的重大问题，因此要尽可能排除产品加工安全隐患，严把自身产品质量关，做好质量监测，确保产品质量安全。

第一节　咸蛋的加工技术

咸蛋又称盐蛋、腌蛋、味蛋等，是一种风味特殊、食用方便的再制蛋。咸蛋的生产极为普遍，全国各地均有生产，其中以江苏高邮双黄咸蛋最为著名，个头大且具有鲜、细、嫩、松、沙、油六大特点。用双黄蛋加工的咸蛋，色彩列美，风味别具一格。

在腌制过程中，由于食盐的作用，鲜蛋原有的一些特性也会随之发生改变。比如，蛋黄中的水分将通过蛋白逐渐转移到盐水中，而食盐则通过蛋白不断进入蛋黄。食盐的作用可以使蛋白的黏度降低而逐渐变稀，使蛋黄的黏度增加而逐渐变稠变硬。

一、咸蛋的加工方法

传统的咸鸭蛋加工方法很多，如滚盐封缸腌制，将新鲜鸭蛋清洗干净、酒浸泡（消毒）、滚盐、放入缸中、封缸（控菌）腌制 20～30 天即可，适合家庭腌制、咸淡自控。规模化鸭蛋加工常采用草灰腌制法、盐泥涂布法、盐水浸渍法加工咸蛋。

（一）草灰腌制法

目前，我国出口的咸蛋一般都采用草灰腌制法进行加工。该法可做到单个腌制，便于控制咸蛋品质的稳定性和均匀度。草灰法又分提浆裹灰法和灰料包蛋法两种。应选择洁净、无微生物及重金属污染、无霉变、无异味的草木灰。食盐等原辅料应选择食品级，保证食品安全性。

1. 提浆裹灰法　这种加工方法的工艺流程见图 6-1。

配料：在不同的季节生产，其配料的标准也应作适当调整（主要改变食盐

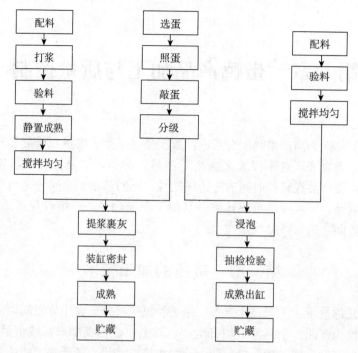

图 6-1 提浆裹灰法工艺流程

的用量）。一般保证每枚蛋分配 3～5 克食盐，夏季盐分稍高，冬季盐分稍低。以蛋重 70 克/枚、共 100 千克计，食盐 5～8 千克、草木灰 25～33 千克，也可根据口味加入适量香辛料的卤水部分替代冷开水（表 6-1）。

表 6-1 各地在不同季节加工咸蛋的配料比例（千克）

加工时间		使用的辅助材料		
		草木灰	食盐	水
四川	11 月至次年 4 月	25	8	12.5
	5～10 月	22.5	7.5	13
湖北	11 月至次年 4 月	15	4.25	12.5
	5～10 月	19.5	3.75	12.5
北京	11 月至次年 4 月	15	4.3～5	12.5
	5～10 月	15	3.8～4.5	12.5
江苏	春季、秋季	20	6	18
浙江	春季、秋季	17～20	5～6	15～18

打浆：在打浆之前，先将食盐倒入水中并充分搅拌使其溶解，然后将盐水全部加入打浆机（或搅拌机）内，再加 2/3 用量的草木灰进行搅拌。经 10 分

钟左右的搅拌后，草灰、食盐与水已混合均匀，这时将余下的草灰分 2 次或 3 次加入充分搅拌，搅拌均匀的灰浆呈不稀不稠的浓浆状。检验灰浆是否符合要求的方法：将手指插入灰浆内，取出手上灰浆黑色发亮，灰浆不流，不起水、不成块、不成团下坠；灰浆放入盘内无起泡现象。制好灰浆后，放置一夜至次日即可使用。

提浆、裹灰：将选好的蛋用手在灰浆中翻转一次，使蛋壳表面均匀粘上一层 2 毫米厚的灰浆，然后将蛋置于干稻草灰中裹草灰，裹灰的厚度约为 2 毫米。裹灰的厚度要适宜，若裹灰太多，会降低蛋壳外面灰浆中的水分，影响腌制成熟的时间，若裹灰太薄，易造成蛋间的粘连。裹灰后将灰料用手压实，捏紧，使其表面平整、均匀一致。

装缸（袋）密封：经裹灰、捏灰后的蛋应尽快装缸密封，如果生产量不大，也可装入阻隔性良好的塑料袋中密封，然后转入成熟室内堆放。在装缸（袋）时，必须轻拿、轻放，叠放应牢固、整齐，防止操作不当使蛋外的灰料脱落或将蛋碰裂而影响产品的质量。

成熟与贮存：咸蛋腌制成熟的速度是由食盐的渗透速度所决定的，而食盐的渗透速度主要受环境温度的影响。当气温较高时，食盐在蛋中的渗透速度越快，腌制咸蛋的时间越短。咸蛋的成熟期在夏季为 20～30 天，在春秋季为 40～50 天。咸蛋成熟后，应在 25℃以下、相对湿度 85%～90% 的库房中贮存，其贮存期一般不超过 2～3 个月。

2. 灰料包蛋法　这种加工方法的配料与上面基本相同，只是加水量多一些。

配料：在不同的季节生产，其配料的标准也应作适当调整（主要改变食盐的用量）。一般保证每枚蛋分配 3～5 克食盐，夏季盐分稍高，冬季盐分稍低。以蛋重 70 克/枚、共 100 千克计，食盐 5～8 千克、草木灰 10～12 千克，冷开水 12～15 千克，还可根据口味加入适量香辛料的卤水部分替代冷开水。

打浆：在打浆之前，先将食盐倒入水中并充分搅拌使其溶解，然后将盐水全部加入打浆机（或搅拌机）内，再加 2/3 用量的草木灰进行搅拌。经 10 分钟左右的搅拌后，草灰、食盐与水已混合均匀，这时将余下的草灰分 2 次或 3 次加入充分搅拌，搅拌均匀的灰浆不稀不稠的浆状。检验灰浆是否符合要求的方法：将手指插入灰浆内，取出手上灰浆黑色发亮，灰浆不流，不起水、不成块、不成团下坠；灰浆放入盘内无起泡现象。制好灰浆后，放置一夜至次日即可使用。

裹灰：将选好的蛋装入小袋中，取 15～20 克灰浆于袋中，并用手隔着袋子将灰浆均匀揉搓在蛋壳表面，使灰浆约为 2 毫米厚。裹灰的厚度要适宜，不可裹灰过多过厚，会降低蛋壳外面灰浆中的水分，同时使每枚蛋分配过多盐分，影响腌制成熟的时间。应尽量使灰料在表面平整、均匀一致。

装缸（袋）密封：经单个袋装并裹灰后的蛋应尽快装缸密封，然后转入成熟室内堆放。在装缸（袋）时，必须轻拿、轻放，叠放应牢固、整齐，防止操作不当使蛋碰裂而影响产品的质量。

成熟与贮存：咸蛋腌制成熟的速度是由食盐的渗透速度所决定的，而食盐的渗透速度主要受环境温度的影响。当气温较高时，食盐在蛋中的渗透速度越快，腌制咸蛋的时间越短。咸蛋的成熟期在夏季为 20～30d，在春秋季为 40～50d。咸蛋成熟后，应在 25℃以下、相对湿度 85％～90％的库房中贮存，其贮存期一般不超过 2～3 个月。

（二）盐泥涂布法

盐泥涂布法可做到单个腌制，便于控制咸蛋品质的稳定性和均匀度。应选择洁净、无微生物及重金属污染、无霉变、无异味的黄泥。食盐等原辅料应选择食品级，保证食品安全性。

（1）盐泥的配制。一般保证每枚蛋分配 3～5 克食盐，夏季盐分稍高，冬季盐分稍低。鸭蛋以 70 克/枚、共 100 千克计，食盐 5～8 千克、干黄土 7～10 千克，冷开水 12～15 千克。

（2）加工过程。经晒干、粉碎的黄土细粉用少量，再将食盐放在容器内，加冷开水溶解，加入泡好的黄泥，加入相应冷开水后用木棒或搅拌器搅拌使成为糊糊状，泥浆浓稠度合适。然后将选好的原料蛋装入小袋中，取 15～20g 泥浆于袋中，并用手隔着袋子将泥浆均匀揉搓在蛋壳表面，使泥浆约为 2mm 厚。裹泥的厚度要适宜，不可裹泥过多过厚，会降低外层黄泥中盐分的移动速率，还会使每枚蛋分配过多盐分，影响腌制成熟的时间。应尽量使泥料在表面平整、均匀一致。

（三）盐水浸渍法

盐水浸渍法是用食盐水直接浸泡腌制咸蛋，其操作简单，成熟时间短，缺点是咸蛋清咸度易过咸，腌制老料盐分高、排放难、再利用难。该法分为低盐浸渍法和过饱和食盐水浸渍法。低盐浸渍的咸蛋清含盐较低，可控制蛋清含盐 4.5％左右时出缸，缺点是成熟时间长；过饱和食盐水浸渍法优点是蛋黄油砂质明显、出油多，缺点是蛋清过咸（有的含盐率高达 10％），难以即食。

（1）盐水的配制。鸭蛋以 70 克/枚、共 100 千克计。低盐浸渍法：低盐浓度 18％～20％，即冷开水 110～130 千克，食盐 22.5～35 千克。过饱和食盐水浸渍法：盐水浓度远高于 26.5％，100 千克冷开水内投入大于 36 千克的食盐即为过饱和食盐水。

（2）浸泡腌制。将鲜蛋放入干净的缸内并压实，慢慢灌入盐水使蛋完全浸没，在恒温 22℃左右加盖密封腌制。

（3）成熟出缸。腌制环境的温度决定咸蛋腌制期，温度越高、食盐在蛋中的渗透速度越快、咸蛋成熟越早。在20℃左右，低盐浸渍法需30天左右，可见蛋黄有小于0.5厘米部分未熟透或基本成熟，此时可出缸；过饱和盐水浸渍法腌制时间最多不能超过18天，否则成品蛋清太咸。

二、咸蛋的包装与熟制

将传统方法腌制成熟的咸蛋，再经真空包装和高温杀菌，不仅提高了咸蛋的贮存性，方便了贮运和食用，而且提高了产品质量和产品的安全性。

（一）清洗

咸蛋腌制成熟后，从腌制缸中捞出，用清水将咸蛋表面附着物清洗干净，并剔除裂纹蛋、变质蛋等次、劣蛋。

（二）真空包装

把冷却至室温后的咸蛋套入透明的复合包装袋中，一袋1只，然后放入真空包装机内，采用−0.09兆帕的真空度进行封口。封口时间和热封温度根据设备不同及袋质薄厚来定，以封好后用力拉不开为宜。

（三）高温杀菌、熟制

一般采用121℃、30分钟高温杀菌，咸蛋达到商业灭菌的要求，提高咸蛋的贮存性，而且使蛋黄中的低密度脂蛋白结构破坏，包裹在低密度脂蛋白中的脂肪游离出来，使咸蛋出油增加，品质改善。有些加工厂将咸蛋的杀菌、熟制温度降低3～10℃，灭菌时间减为20分钟，可以降低咸蛋黄黑圈发生率，但咸蛋贮藏保质期会相对缩短。

（四）装盒、热封、装箱

杀菌后的咸蛋置外包装间摊放至外袋干燥后，放入纸盒中，纸盒外套热缩塑料薄膜，经过热收缩后，装箱入库。

三、咸蛋黄的加工方法与保鲜

（一）整蛋腌制后取黄

选择新鲜、蛋壳完整、无暗纹的鸭蛋，均可采用灰料包蛋法、盐泥涂布法或过饱和食盐水浸渍法腌制至蛋黄完全成熟、无白心硬心后取咸蛋黄。蛋黄含盐率1％左右，油砂蛋黄比例较高，蛋黄圆润饱满，呈橘红色（图6-2）。

（二）咸蛋黄分离腌制技术

生产工艺流程：选鸭蛋→取出蛋黄→配制腌制剂→腌制→烘烤→杀菌→真空包装→成品）。选择新鲜、蛋壳完整、无暗纹的鸭蛋或蛋壳破损但洁净的鸭蛋蛋黄（若蛋壳粪污多，应先清洗后取黄），用配置好的（过）饱和食盐水采用腌制法腌制5天左右可成熟，蛋黄含盐2.5％～3％，油砂蛋黄比例较高，

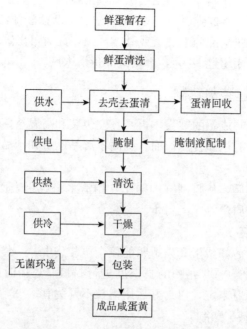

图 6-2　整蛋腌制工艺流程

此法加工的咸蛋黄为圆冠状、橘红色，生产中须用模具控制形状（饱满圆状）；
若食盐干腌蛋黄，虽然操作简单，但咸蛋黄为饼状、易受微生物污染。腌制后
烘烤是为了降低蛋黄含水率、提高咸蛋黄的硬度、改善色泽，真空包装后可延
长咸蛋黄保质期。

（三）咸蛋黄的保鲜

咸蛋黄保鲜选用真空包装后冷藏应是较经济简便的方法，但咸蛋黄经低温
冻结，其质构发生变化，咸蛋黄橘红色泽会变为浅黄色使原有的品质下降，因
而冷藏温度不应低于 4℃。

廖兴佳（1994）发明了一种咸蛋黄的保鲜法，将分离出的咸蛋黄放在山梨
酸钾、氯化钠溶液中洗净残蛋白，再放入 50～100℃ 的烘箱中烘烤 3.5～4.5
小时，之后抽真空包装，置 20℃ 下可保存 3 个月，置 0～4℃ 下可保存 6 个月。
但这种方法因在烘烤时会脱去较多水分，咸蛋黄质地变硬，品质下降。采用真
空包装、充气包装和保鲜液浸泡 3 种方法进行咸蛋黄的保鲜试验，结果发现，
真空包装在常温下可保存 1 个月以上，但咸蛋黄易变形；充气包装不会使咸蛋
黄变形，但其氧气残留率不能大于 0.1%，否则真菌易于繁殖；保鲜液浸泡，
置 0～4℃ 下可使咸蛋黄保存 3～5 个月。

第二节　皮蛋的加工技术

皮蛋又称松花蛋、变蛋等，是我国传统的风味蛋制品，不仅为国内广大消费者所喜爱，在国际市场上也享有盛名。皮蛋，不但是美味佳肴，而且还有一定的药用价值。王士雄的《随息居饮食谱》中说："皮蛋，味辛、涩、甘、咸，能泻热、醒酒、去大肠火，治泻痢，能散能敛。"中医认为皮蛋性凉，可治眼疼、牙疼、高血压、耳鸣眩晕等疾病。大众均可食用：火旺者最宜；少儿、脾阳不足、寒湿下痢者、心血管病患者、肝肾疾病患者少食。

国内民间加工皮蛋的方法很多，但各种方法使用的辅料基本相同，加工工艺也大同小异，这些方法归纳起来主要有浸泡法（浸泡包泥法）与包泥法。

一、浸泡法（浸泡包泥法）

即先用浸泡法制成溏心皮蛋，再用食用蜡等包裹、装缸、密封贮存。这种方法适于加工出口皮蛋，同时它是国内加工皮蛋常用的方法。其加工工艺流程见图6-3。

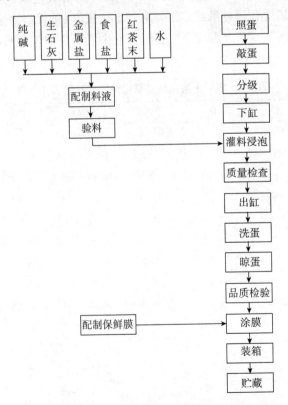

图6-3　浸泡法工艺流程

（一）料液的配制

国内各地、不同季节生产皮蛋时的配料都有一定差异，目前建议在恒温腌制车间的控温条件下来微调配方。料液配制方法如下：以 100 千克鸭蛋计，冷开水 100～130 千克，食用片碱 4.5%～6%，生石灰 0.5%～1%，食盐 3.5%～4.5%，红茶末 3%～5%，硫酸铜 0.38%～0.41%。具体的配制程序为：①按配料表称取定量水，分组编号，先加入烧碱、生石灰，边加边搅拌，放置冷却后加入食盐和红茶末，此为腌制母液。最好放置过夜。②称取定量硫酸铜，取少量腌制母液用胶头滴管逐滴加入到硫酸铜中，缓慢滴加，边加边搅拌，可见蓝色絮状物生成后又溶解，继续滴加直至不再有絮状物生成，再将其转入腌制缸的母液中，并用母液润洗将金属盐完全转入盛碱液的腌制容器中，搅拌均匀。放置待其充分混合后即配置完成。

皮蛋加工生产中经常采用老料配新料，老料可占 40%～70%。腌制过皮蛋的老料首先要过滤除去料液中的杂质，其次是测定料液中的氢氧化钠与金属盐含量，第三要按照腌制皮蛋料液的氢氧化钠与金属盐计划含量标准将氢氧化钠与金属盐含量补足，以经验补加 25%～50% 的氢氧化钠或金属盐容易导致氢氧化钠与金属盐含量过量或不足，第四是按照计划的新老料配料比混合搅拌均匀。不同地区、季节、温度下皮蛋腌制液中氢氧化钠与金属盐含量有一定差异（表 6-2）。

表 6-2　液温平均值与氢氧化钠浓度对照表（千克）

液温/℃	水	碱	生石灰	金属盐	食盐	红茶末
6	100	4.30	0.5	0.27～0.31	3～3.5	用量自调
7	100	4.39	0.5	0.28～0.32	3～3.5	用量自调
8	100	4.47	0.5	0.28～0.32	3～3.5	用量自调
9	100	4.55	0.5	0.29～0.33	3～3.5	用量自调
10	100	4.64	0.5	0.30～0.34	3～3.5	用量自调
11	100	4.73	0.5	0.30～0.34	3～3.5	用量自调
12	100	4.82	0.5	0.31～0.35	3～3.5	用量自调
13	100	4.90	0.5	0.31～0.35	3～3.5	用量自调
14	100	4.99	0.5	0.32～0.36	3～3.5	用量自调
15	100	5.08	0.5	0.33～0.37	3～3.5	用量自调
16	100	5.18	0.5	0.33～0.37	3～3.5	用量自调
17	100	5.27	0.5	0.34～0.38	3～3.5	用量自调
18	100	5.36	0.5	0.34～0.38	3～3.5	用量自调
19	100	5.45	0.5	0.35～0.39	3～3.5	用量自调

（续）

液温/℃	水	碱	生石灰	金属盐	食盐	红茶末
20	100	5.54	0.5	0.36~0.40	3~3.5	用量自调
21	100	5.64	0.5	0.36~0.40	3~3.5	用量自调
22	100	5.72	0.5	0.37~0.41	3~3.5	用量自调
23	100	5.77	0.5	0.37~0.41	3~3.5	用量自调
24	100	5.88	0.5	0.38~0.42	3~3.5	用量自调
25	100	5.98	0.5	0.38~0.42	3~3.5	用量自调
26	100	6.07	0.5	0.39~0.43	3~3.5	用量自调
27	100	6.15	0.5	0.39~0.43	3~3.5	用量自调
28	100	6.23	0.5	0.40~0.44	3~3.5	用量自调
29	100	6.30	0.5	0.41~0.45	3~3.5	用量自调
30	100	6.37	0.5	0.41~0.45	3~3.5	用量自调
31	100	644	0.5	0.42~0.46	3~3.5	用量自调
32	100	6.50	0.5	0.42~0.46	3~3.5	用量自调

（二）验料

配好的料液浓度是否恰当，应事先进行检验以保证皮蛋加工的顺利进行。检验料液浓度的方法最准确的是化学分析法。先在样液中加入适量的氯化钡，使料液中未反应完的碳酸根、碳酸钾以碳酸钡的形式沉淀下来，再以酚酞作指示剂用0.1摩尔/升标准盐酸滴定，计算可求出料液中氢氧化钠的浓度。

（三）装缸与浸泡

装缸时应轻拿轻放，一层层横放压实，最上层蛋应离缸口15厘米左右，上方以竹篾或塑料网压住，防止加汤料后鸭蛋上浮。然后将配置后冷却的料液徐徐灌入缸内，至料液完全淹没鸭蛋为止。

（四）成熟期的管理

成熟期的管理工作对皮蛋的质量有重要的影响。首先应控制室温在20~22℃，其次是勤观察、勤抽检。检查一般在鲜蛋入缸后10天进行第一次、20天时进行第二次、30天时进行第三次。第一次检查主要是在灯光下透视观察蛋白是否基本凝固，若与鲜蛋相似则说明料液碱浓度太低，应及时补料；若蛋内部全部发黑，说明料液碱性太重，需用冷开水适当稀释料液。第二次检查主要是剥开几枚蛋观察蛋白是否凝固好，颜色变为褐黄色，蛋黄变为褐绿色为正常。第三次检查蛋白是否出现烂头粘壳现象，若有则需要提前出缸，若蛋清较软，则料液碱性低，需延长浸泡时长。

（五）出缸

成熟的皮蛋在手中抛掷时有轻微的震颤感；灯光透视时蛋整体呈灰黑色，蛋小头呈红色或棕黄色；剖检时蛋白凝固良好，光洁不粘壳，呈墨绿色，蛋黄呈绿褐色。在一般情况下，皮蛋的浸泡时间为 30～40 天，夏季温度高，浸泡时间稍短，冬季浸泡时间适当延长。出缸后可用浓度在 2.0% 左右的碱水清洗蛋表面碱液与污物，置于通风处晾干。

（六）品质检验

晾干后的皮蛋需及时进行质量检验，这是保证产品质量的一道重要工序。检验采用"一看、二掂、三摇晃、四照"的方法进行。

（七）包装

检验后皮蛋应及时进行包装以延长其货架期、促进皮蛋后熟。一可以进行封蜡处理，二可以采用涂泥包糠。包装后的皮蛋保质期可延长至 6 个月。

（八）装箱贮藏

将包装后的皮蛋迅速装箱密封贮藏。密封的作用是防止水分蒸发和包泥封蜡的包装脱落，延长产品的保质期。在保存期间，仓库内的温度应控制在10～20℃，通风良好，防止室内潮湿造成皮蛋发霉变质。

二、包泥法

硬心皮蛋用此方法。用调制好的料泥直接包裹在鸭蛋上，再经过滚糠后装缸、密封、贮藏。用这种方法加工皮蛋，最适于春秋两季的加工。

（一）配料

目前，各地生产硬心皮蛋的配料都有所不同，一般每 1 000 枚鲜蛋的配料比例大致为：水 22 千克，生石灰 10～12 千克，片碱 2.5～3.5 千克，红茶末1.5～3 千克，食盐 1～2 千克，草木灰适量。

（二）料泥的制备

先使用适量水泡发生石灰，再将片碱、食盐、红茶末放入缸中，冲入沸水调匀，再将泡发后的生石灰放入，待冷却后捞出溶液残渣（并补入等量生石灰），最后倒入草木灰，用力充分搅拌（或用搅拌机搅拌）至料泥细腻、均匀、有黏性为止。在使用料泥时，每隔 1 小时左右应翻动一次，以使料泥均匀、碱性一致。

（三）验料

配制好的料泥必须经过检验，只有符合要求的料泥才能用于加工皮蛋。在生产中，验料采用的方法一般有三种，即简易测定法、杯样测定法和化学分析法。

简易测定法：取成熟的料泥一块并置于平皿或平盘中，其表面用手指压平、抹光，将鲜蛋打蛋白滴在料泥上，经10分钟的作用后观察蛋白的变化情况。若蛋白凝固，手摸时有颗粒状或片状带黏性的凝固物，说明料液中碱的浓度适中；若蛋白轻微凝固，手摸时有粉末状的凝固物，说明料液中碱的浓度偏低；若蛋白不凝固，手摸时缺乏黏性，说明料液中碱性偏高。在验料中，对于碱性不符合使用要求的料液都应进行调整，直至其中的碱含量达到正常水平为止。

化学分析法：称取料泥10克（G），置于250毫升容器瓶中，加蒸馏水定容、摇匀、然后用滤纸过滤，并弃去最初滤液20毫升；取静置后的澄清滤液25毫升于250毫升的三角瓶中，加入0.1％的酚酞指示剂3滴，0.1摩尔/升的甲基橙指示剂3滴，继续用盐酸滴定，直至溶液刚刚变为淡橘红色为止，记录盐酸的用量（M）。最后根据下面的公式计算溶液中氢氧化钠的百分比溶度：

$$氢氧化钠（\%）＝0.04G（P－M）\times 100\%$$

（四）包泥下缸

用料泥包蛋时要戴上乳胶手套，以防料泥强烈的碱性灼伤皮肤。操作时，先在手掌中央放一团料泥（料泥为蛋重的67％左右），将蛋放在其上，用双手相互轻轻揉搓，使蛋周身均匀粘满料泥，然后将蛋滚上一层糠壳。包好泥后，将蛋整齐平放于缸中。

（五）密封

为了有效防止料泥中水分的蒸发和空气中二氧化碳对料泥的作用，保证皮蛋的质量，蛋入缸后要进行严格的密封。目前，封缸的常用方法是用塑料膜将缸口紧扎，并将缸盖盖好以达到密封蛋缸的作用。在生产中，为了便于检查和管理，密封后的蛋缸上一般应粘贴标签，注明皮蛋生产的日期、加工的批次、产品的数量和级别等内容。

（六）成熟

硬心皮蛋成熟的场所（库房）要求高大凉爽，防止日光暴晒，库房的适宜温度为15～25℃。根据生产季节的不同，从包泥到出缸的成熟时间一般需60～80天。其成熟过程中的质量检验方法与前面的方法相同。

（七）包装与贮藏

为确保产品的质量，尽量延长皮蛋的保质期，成熟的皮蛋经检验合格后最好先包装再密封贮藏，保存环境15～20℃为宜。若将皮蛋装入纸箱（或蛋缸）贮藏，贮存室应干燥、阴凉、无异味。

第三节　糟蛋的加工技术

糟蛋以其质地柔软、气味芬芳、沙甜可口，食后余味无穷等独特风味而著称，是我国传统的冷食特产，其加工技术如下。

一、原辅料的选择

（一）鸭蛋的选择

原料蛋的好坏，是决定糟蛋品质的一个重要因素。对原料蛋必须进行逐个的挑选，要求原料蛋表面洁净、新鲜、无异味，蛋壳密度要一致，照蛋时整个蛋的内容物呈均匀一致的微红色，胚胎无发育现象，大小均匀一致。

（二）糯米的选择

糯米是酿糟的原料，选用米粒饱满、颜色洁白、无异味、杂质少、淀粉多的糯米，凡是脂肪和含氮化合物含量高的糯米，酿出的酒糟质量较差。

（三）酒药

又叫酒曲，是酿糟的菌种，起发酵和糖化作用，可用白药和甜药混合使用，白酒酒力强而味辣，甜酒酒力弱而味甜，在酿糟的过程中两者按一定比例使用，可起到互补作用。

（四）食盐

用于加工糟蛋的食盐应清洁纯净、符合卫生标准。

（五）水

应无色透明、无味、无臭，必须符合饮用水的标准要求。

（六）红砂糖

起到增色、增味的作用。应符合食用糖卫生标准要求。

二、糟蛋加工方法

（一）酿酒制糟

1. 浸米

淘净糯米，放入缸内加冷水浸泡，使糯米吸水膨胀，便于蒸煮糊化，浸泡时间以气温 12℃浸泡 24 小时为宜，气温每上升 2℃，需增加浸泡 1 小时。

2. 蒸饭

先将锅内水烧开，再将蒸饭桶放在蒸板上，把浸泡好的糯米从缸中捞出，用冷水冲洗一次倒入蒸桶内，米面铺平加热蒸 30 分钟，待米饭全部蒸熟。

3. 淋饭

目的是使米饭迅速冷却，便于接种。将蒸桶放于淋饭架上用冷水浇淋使饭冷却，降温至 28～30℃，手摸不烫为宜。

4. 拌酒药及酿糟

淋水后的饭，沥去水分，倒入缸中，撒上预先研成细末的酒药。酒药用量根据气温而定，酒药的种类可根据加工方法而定。若加白药和甜酒酿制的酒糟，再装坛时不用加白酒，只加甜酒糟制时还要加白酒。将酒药与米饭混合均匀，表面拍平，排紧，表面再撒一层酒药，中间挖一个中空的上大下小的坑。为了保温，缸体用草席包裹，缸口用干净的草帘盖好，经 20～30 小时温度达到 35℃ 就可出酒酿。当缸内酒酿有 3～4 厘米深时要撑起缸口的草帘，以降温防止酒糟热伤产生苦味。待酒酿满坑时，用勺将坑内的酒酿泼在糟面上，使糟充分酿制，经几天后，把糟与酒酿混合均匀装坛成熟。7 天左右即制成色白、味略甜、浓香的酒糟。

5. 选蛋击蛋

挑选优质鲜鸭蛋作为原料蛋，用清水洗净上面的污物后用竹匾晾干，为使糟制过程中产生的醇、酸、糖、酯等成分易于渗入蛋中，需将晾干的蛋壳击破。击蛋时，将蛋放入左手掌内，右手拿竹片对准蛋的纵侧，从大头部分轻轻一击，然后转动半周再击。要求击破硬壳（略有裂痕）而不使内壳膜和蛋白膜破裂。

（二）装缸糟制

糟蛋坛在使用前必须进行清洗和蒸汽消毒。以用甜酒为例，100 枚鸭蛋所需配料为甜糟 5 千克、65°白酒 0.8 千克、红砂糖 0.8 千克，陈皮、八角、花椒各 20 克、食盐 1 千克。将配料混合后（除香辛料外）将全量的 1/4 铺于坛底，将鸭蛋 30 枚大头向下，竖立在糟里。第二层 40 枚，第三层 30 枚，以同样方法摆好，用糟铺平。最后用塑料布密封坛口，在室温下存放。

（三）后期管理

1. 翻坛去壳

在室温下糟制 3 个月左右将蛋翻出，逐枚剥去蛋壳，不要将蛋壳膜剥破。

2. 白酒浸泡

将剥了壳的蛋，用高度白酒浸泡 1～2 天，使蛋白和蛋黄全部凝固，不再流动，蛋壳膜稍膨胀而不破裂为合格品。

3. 加料装坛

将蛋从白酒中取出，用原有的酒糟、配料再加上一定量的红砂糖和配料中的香辛料混合，一层料糟一层蛋，按原来的装坛方法重新装坛，密封后保存于干燥而阴凉的地方。

4. 再翻坛

再贮存 3～4 个月左右时，必须再次翻坛。即将上层的蛋翻到下层，下层的蛋翻到上层，使整坛的蛋糟渍均匀，同时做一次质量检查，剔除次劣糟蛋。翻坛后的糟蛋仍浸渍在料糟内，加盖密封，贮于库内，再经 2～3 个月糟蛋完全成熟，蛋膜不破、蛋白呈乳白色胶冻状，蛋黄呈橘红色的半凝状，味甜浓香，食用价值高，可即食或包装后销售。

第四节　蛋制品的质量控制技术

一、蛋制品质量评价体系

鸭蛋（鲜蛋、咸蛋、皮蛋）质量评价体系包括以下四个方面。

（一）感官评价

包括鸭蛋蛋壳、蛋白、蛋黄、气室、胚胎发育、气味。

（二）理化指标评价

包括鸭蛋重、蛋黄重、蛋壳重量、蛋壳相对重、蛋白高度、蛋黄比色、蛋壳颜色、蛋形指数、蛋壳平均厚度、大头厚度、中间厚度、蛋壳强度、哈夫单位。

（三）营养评价

包括常规营养成分：水、能量、蛋白质、总脂肪、灰分、糖类、胆固醇；矿物质：钙、铁、镁、锰、磷、钾、钠、锌、铜、硒；维生素：硫胺素、核黄素、烟酸、泛酸、维生素 B_6、叶酸、维生素 B_{12}、维生素 A、维生素 E；脂肪酸：饱和脂肪酸（4：0，6：0，8：0，10：0，12：0，14：0，16：0，18：0）、单不饱和脂肪酸（16：1，18：1，20：1，22：1）、多不饱和脂肪酸（18：2，18：3，18：4，20：4，20：5，22：5）；18 种氨基酸。

（四）安全性评价

1. 微生物指标

菌落总数、大肠菌群、沙门氏菌、志贺氏菌、金黄色葡萄球菌、溶血性链球菌、致泄大肠埃希氏菌和单核细胞增生李斯特氏菌等。见表 6-3。

表 6-3　蛋及蛋制品微生物菌落总数国家标准（单位：个）

	鲜鸭蛋	咸蛋	皮蛋
菌落总数	$\leq 5 \times 10^4$	≤ 500	≤ 500
大肠杆菌数	< 100	< 100	< 100
沙门氏菌数	不得检出	不得检出	不得检出
金黄色葡萄球菌数	不得检出	不得检出	不得检出

2. 重金属残留

铜、汞、镉、铅、砷（表 6-4）。

表 6-4　蛋及蛋制品微生物重金属国家标准（单位：毫克/千克）

	铜	汞	镉	铅	砷
重金属含量	≤10	≤0.03	≤0.05	≤0.2、≤0.05*	≤0.05

注：铅含量标准：鲜鸭蛋、咸蛋为≤0.2mg/kg，皮蛋为≤0.05mg/kg。

3. 农药和兽药残留

四环素、金霉素、土霉素 3 种磺胺类药品等（表 6-5）。

表 6-5　蛋及蛋制品药物残留国家标准（单位：毫克/千克）

	土霉素	四环素	金霉素	磺胺间嘧啶	磺胺二甲基嘧啶	磺胺甲恶唑	磺胺二甲氧嘧啶
残留含量	≤0.2	≤0.05	≤0.05	≤0.1	≤0.1	≤0.1	≤0.1

4. 添加剂、非法添加物

苯甲酸、山梨酸、糖精钠、三聚氰胺、孔雀石绿、隐色孔雀石绿（LMG）、乙烯雌酚、苏丹红。

二、原辅料的风险及控制技术

（一）原料蛋

（1）脏蛋。粪污中微生物等给鸭蛋的安全性带来隐患且影响鸭蛋深加工产品品质及贮藏期。脏蛋应清洗、灭菌后再利用。

（2）鸭蛋孵化副产物。死精蛋、死胚蛋存在微生物污染等安全性隐患，应在加工前剔除。

（3）蛋鸭饲料及养殖方式。蛋鸭饲料中添加不同比例的棉粕、菜粕、皮革粉对蛋重、蛋黄比例、蛋黄颜色和深加工产品品质均有显著性影响。试验结果表明，菜粕的添加量以不高于 12％为宜，棉粕的添加量以不高于 8％为宜，皮革粉不适用于蛋鸭的喂养，苏丹红则是禁止添加的。放养在有农药残留、重金属残留等危险区域的鸭蛋同样可能存在不安全物残留的隐患，应控制养殖环境与饲料质量。

（二）加工辅料

辅料中的重金属、微生物等能在加工过程中向鸭蛋内迁移，饲料级和工业级碱、食盐、硫酸铜、硫酸锌等加工辅料存在重金属残留的隐患且影响产品成品率，必须使用（准）食品级的辅料进行鸭蛋深加工。加工用水最好使用洁净的冷开水，否则带来微生物隐患、影响产品贮藏期。黄泥、草木灰、谷壳、茶末等也应选择洁净、无污染的使用。

三、加工过程及贮藏过程对蛋制品的风险及控制技术

（一）加工方法

传统腌制方法（浸泡法、包泥灰法）对皮蛋安全性的影响仍然来自于加工所用到的黄泥、草木灰、谷壳、茶末等加工辅料，应选择洁净、无微生物和重金属污染的加工辅料和加工用水。

（二）加工与贮藏环境

微生物毒素等环境中的有毒有害物质均可能污染蛋制品，应保证其加工与贮藏环境的洁净。蛋制品在贮藏过程中会发生干瘪萎缩、pH 改变与微生物数量升高等现象，应控制贮藏条件和贮藏时间，注意保质期。

参 考 文 献

陈志达.1985.商代晚期的家畜和家禽［J］.农业考古（2）：288-295.

董瑞兰，于光辉.2012.蛋鸭笼养技术［J］.新农业（11）：18-19.

江宵兵，林如龙，王纪茂，等.2010.不同喷淋模式对旱地圈养蛋鸭生产性能的影响［J］.
中国畜牧兽医（11）：205-208.

梁振华，吴艳，杜金平，等.2014.荆江蛋鸭Ⅱ系选育研究进展［J］.湖北农业科学（10）：
2362-2364，2403，2482.

刘欣，王强盛，许国春，等.2015.稻鸭共作农作系统的生态效应与技术模式［J］.中国农
学通报（29）：90-96.

梁振华，吴艳，张昊，等.2015.蛋鸭网上养殖饲养管理技术［J］.养禽与禽病防治（8）：
17-19.

刘国华，于会民，屠焰.2012.蛋鸭的饲养标准［J］.猪业观察（11）：24.

沈晓昆，范梅华，戴网成，等.2009.养鸭考古札记［J］.农业考古（1）：297-300.

杜金平，丁山河，梁振华，等.2013.荆江蛋鸭Ⅰ系的选育研究［J］.湖北农业科学，52
（24）：6095-6098.

《生物史》编写组.1979.生物史：第5册［M］.北京：科学出版社.

卫斯.1987.我国养鸭起始时期小考［J］.山西农业科学（1）：5-7.

王长康，江宵兵，肖天放，等.2011.产蛋鸭配套系的选育［J］.福建农林大学学报（自然
科学版），40（2）：178-181.

徐琪，焦库华.2012.蛋鸭安全生产技术指南［M］.北京：中国农业出版社.

张扬.2014.我国部分地方鸭品种遗传多样性与群体结构分析［D］.扬州：扬州大学.

中华人民共和国农业部.2009.蛋鸭技术100问［M］.北京：中国农业出版社.

中国畜牧业协会.2015.蛋鸭网上养殖技术：第六届（2015）中国水禽发展大会论文汇编
［C］.北京：中国畜牧业协会.

H F Li，W Q Zhu，W T Song，et al. Origin and genetic diversity of Chinese domestic ducks
［J］.Molecular Phylogenetics & Evolution，57（2）：634-640.

图书在版编目（CIP）数据

国绍 1 号蛋鸭高效健康养殖技术 / 卢立志主编 . —北京：
中国农业出版社，2018.1
ISBN 978-7-109-23745-2

Ⅰ.①国…　Ⅱ.①卢…　Ⅲ.①蛋鸭－饲养管理
Ⅳ.①S834

中国版本图书馆 CIP 数据核字（2017）第 330568 号

中国农业出版社出版
（北京市朝阳区麦子店街 18 号楼）
（邮政编码 100125）
责任编辑　程 燕　刘博浩　路维伟
北京万友印刷有限公司印刷　新华书店北京发行所发行
2018 年 1 月第 1 版　2018 年 1 月北京第 1 次印刷

开本：700mm×1000mm 1/16　印张：5.25
字数：90 千字
定价：48.00 元
（凡本版图书出现印刷、装订错误，请向出版社发行部调换）